道德人格

——理论与实践初探

朱培霞 著

吉林大学出版社
长春

图书在版编目（CIP）数据

道德人格：理论与实践初探 / 朱培霞著 . -- 长春：吉林大学出版社，2020.5
ISBN 978-7-5692-6350-3

Ⅰ . ①道… Ⅱ . ①朱… Ⅲ . ①道德修养—研究 Ⅳ . ① B825

中国版本图书馆 CIP 数据核字 (2020) 第 063282 号

书　　名：道德人格：理论与实践初探
　　　　　DAODE RENGE：LILUN YU SHIJIAN CHUTAN

作　　者：朱培霞　著
策划编辑：李承章
责任编辑：安　斌
责任校对：张文涛
装帧设计：百悦兰棠
出版发行：吉林大学出版社
社　　址：长春市人民大街 4059 号
邮政编码：130021
发行电话：0431-89580028/29/21
网　　址：http://www.jlup.com.cn
电子邮箱：jdcbs@jlu.edu.cn
印　　刷：北京军迪印刷有限责任公司
开　　本：787mm × 1092mm　1/16
印　　张：13.5
字　　数：190 千字
版　　次：2020 年 5 月　第 1 版
印　　次：2022 年 8 月　第 2 次
书　　号：ISBN 978-7-5692-6350-3
定　　价：58.00 元

序 言

道德人格是人类特有的一种精神现象，它是道德意识、道德情感、道德意志、道德行为的凝结和升华，表征着人类超越动物、超越自身所达到的境界和自由。一个人的道德人格面貌集中体现着一个人多大程度上实现了自身的精神自由；一个社会的道德人格状况集中体现着这个社会的精神风貌。自古以来，中外思想家都很关注道德人格问题，都非常重视高尚道德人格对于促进人的完善发展和社会进步的作用。从理论和实践的结合上，探索道德人格的形成规律及其养成路径，对于新时代加强公民道德建设，推动全体公民道德素质和社会文明程度达到新时代的新高度，具有重要的理论意义和实践价值。

《道德人格：理论与实践初探》这本学术著作，是朱培霞在其博士论文基础上修改完成的，凝结着她攻读博士学位期间的心血和汗水，也闪现着她辛勤耕耘勾勒出的可圈点之笔。

一是立足于伦理学研究视域，借鉴吸纳哲学、心理学、现象学、社会学、宗教学、美学、法学等多学科相关研究成果，将道德人格与哲学人格、心理人格、宗教人格、美学人格、法律人格等进行对比分析，把精神自我作为道德人格理论的逻辑起点，从而开拓了道德人格研究的思路和视野。

二是从马克思主义人性二重性理论出发，揭示了道德人格形成的人性基础。马克思主义认为，人既是个体存在物，又是社会存在物，因此道德人格形成受社会性制约，具有必然性；同时，人有意识性、超越性，有自我实现、终极关怀的需要，因而道德人格的形成还基于人的主体性。这种基于人的社会性和主体性的相互作用来思考道德人格形成的观点，也不失为一种新颖的学术见解。

三是探索了道德人格的发展阶段和演进规律。作者认为，人类道德人格的演进经历了自然人格、依附人格、独立人格与物化人格、自由人格等发展阶段；个体道德人格经历他律阶段、自律阶段，最终向自由人格迈进。道德人格是一个主体性逐渐增强、客观决定性和主观选择性相统一的辩证发展过程。这些探索，有益于从形而上的层面深刻把握道德人格的根本属性及其发展规律。

四是坚持目标导向和问题导向的统一，有针对性地探索了道德人格培育的内容和路径。作者认为，现实存在的道德人格问题与市场经济条件下功利化价值取向、德福不一的社会现象、人格尊严意识不强等密切相关。应该培养具有独立人格特征的道德人格，其具体内容包括陌生人之间的公共道德人格、角色道德人格和理想道德人格；应从以核心价值观构建为主导的社会之维和以个人道德修养为主导的个体之维的双重“维度”，着力塑造新时代呼唤的道德人格。这些思考和看法，对于优秀公民道德人格的培育，无疑具有重要的启发价值。

当然，本书还有一些需要继续深入思考和完善的不足之处，比如书中虽涉及理想道德人格转化为个体道德人格的机制与规律问题，但尚有待进一步拓展视野，开展更加深入系统的研究。

学术的道路永无止境，望培霞再接再厉，在人格理论研究的学术大地上继续更快成长。

清华大学文科资深教授　吴潜涛

摘　要

做一个什么样的人、如何做人，是人类永恒的追问。从伦理学上看，就是做一个有道德人格的人。道德人格是明灯，指引着我们前进的路；道德人格是力量，彰显着我们人类的尊严；道德人格是勇气，让我们选择善行，挺立人间；道德人格是永无止境的追求，是自由的理想。

改革开放四十多年，中国社会发生了翻天覆地的变化，人们的精神面貌也随之发生了巨变。市场经济的运行、社会结构的变迁、组织方式的变化等使人们的价值观念、行为方式呈现出多元化和多样化的趋势。个体道德人格呈现出五彩缤纷的景象。我们在赞叹道德人格新风貌的同时，也不可忽视道德人格出现的不少问题，比如道德是非模糊、道德人格物化、道德冷漠、道德人格分裂等问题。这些问题使人丧失了尊严和价值，也败坏了社会风气，加剧了社会环境的恶化，不利于社会和谐健康发展。因此，研究道德人格的理论和实践，培育个体道德人格是我国当前亟待解决的问题，这既关系着个体价值的实现，也关系着社会的和谐有序健康发展。

道德人格的基本理论问题包括道德人格的含义、道德人格的形成和发展、道德人格的培育等问题。笔者认为道德人格是道德主体资格的表征，是人们在道德实践和道德生活中形成的道德个性，是人稳定、完整的精神自我。道德人格具有意志自由性、整体完整性、自我同一性、共性和个性的统一、稳定性和发展性的统一、层次性和矛盾性等特征。

人格是人性的现实化，道德人格的形成并不来自社会的强制灌输，而有其人性论依据。人性的二重性是道德人格形成的内在必然；人的主体性为道德人格的形成提供人性基础。人的主体性表现在：人的意识性、超越性，人有自我实现的需求、终极关怀的需求、人格意识等。同时，道德人格的形成是个体和社会各个因素相互作用的结果，个体因素包括个体生理和心理因素；社会因素包括经济制度、经济体制、政治制度、政治体制、民族心理、风俗习惯等因素。道德人格的形成有其必要的条件：道德自我意识是道德人格形成的原动力；道德需要是道德人格形成的内驱力；道德内化是道德人格形成的关键。道德内化过程中，重要他人的影响、个体的道德差异，个体的自我同一性的不同造成了道德人格的层次性差别。

道德人格现象是纷繁复杂的，我们可以将其分为个体道德人格和民族道德人格；普通道德人格和崇高道德人格；生产性道德人格和非生产性道德人格以及同一性人格、平衡型人格和分裂型人格等。道德人格是作为有机的系统而存在的，有其独特的结构和功能。结构方面我们主要从伦理结构、心理结构、意识结构做粗略的考察。在功能上，道德人格不仅对个体道德行为有价值定向功能、自我调控功能、评价功能；道德人格也有社会功能表现在育人、激励、预见等方面。

道德人格的发展既体现为人类道德人格的演进过程，也体现为个体的道德人格的发展过程。从人类整体来看，道德人格经历了自然人格、依附人格、独立人格和物化人格、自由人格这样几个阶段；从个体来看，道德人格经历了他律阶段、自律阶段，最终向自由阶段迈进。道德人格发展具有规律性，表现在道德人格的发展是主体性逐渐增强的集中体现；道德人格是客观决定性和主观选择性的有机统一；道德人格的发展是辨证的发展过程。

培育道德人格，消除当前道德人格问题，促进社会和谐发展是道德人格研究的目的。独立人格、公共责任人格、角色道德人格、理想道德人格是当前的道德人格的基本要求。我们提出了从塑造社会核心价值观、制度伦理、培育公共空间、道德教育、自我修养等方面来培育道德人格。

目 录

绪 论

0.1 研究背景和意义

道德人格是人的尊严和价值的表征，是人区别于动物的重要标志，也是人与人相互区别的重要标准。道德人格是中国伦理学研究的一个重要的课题，从古代到现代都探讨过道德人格的问题。无论是儒家的君子人格、圣人人格、梁启超的理想人格——新民人格，还是中国共产党提倡的“有理想、有道德、有文化、有纪律”的四有新人等都体现了对道德人格的不同追求。改革开放以来，中国社会发生着巨大的历史变迁：中国从农业社会向工业社会转变、从传统社会向现代社会转变、从封闭社会向开放社会转变，等等。社会的巨变对个体道德人格产生了深远的影响，国人道德人格逐渐从一元人格转变为多元人格，从依附人格转变为独立人格等；在道德人格水平上也存在着各不相同的状态：既存在着无私利他的道德人格境界，如每年评选的感动中国人物的高尚人格让我们赞叹，又存在着道德人格的危机，如道德人格的物化、道德人格的冷漠、道德人格分裂等。这些道德人格的危机使人丧失了起码的做人资格，使人丧失了起码的尊严。同时，道德人格危机加剧了人与人之间的信任危机、破坏了道德环境和氛围，加剧了社会之间的不和谐。因此，研究道德人格的基本理论和实践，对于培养健全道德人格和社会道德建设有积极的意义。

个体道德人格既表现为个体外显的道德行为方式，也表现为个体内心的观念和意识，包括个人无意识的内容。这些无意识是千百年来形成的道德习惯和道德心理的沉淀。如中国的面子心理、“枪打出头鸟”的心理等。这些内容良莠不齐，需要我们批判地继承。因此，研究道德人格对于批判继承中国传统道德人格思想，建设与时代相适应的道德人格有重要的意义。

道德人格的研究也是当前道德教育的需要。该教育的最终目标是培养道德人格，促进人的自由全面发展。但是当前道德教育中仍然存在着道德强制。这种道德强制表现在：首先，将道德仅仅看作是维护社会秩序的工具，而非人的本质的重要体现，将道德与人的本质相分离开，将道德看作是外在于人的约束；其次，在道德教育途径和方法上，强调单一的、灌输道德知识的教育途径，把受教育者当作道德知识的“美德袋”，同时注重惩戒式的教育方法，运用被教育者的恐惧心理，而忽视了被教育者对道德规则和规范认同和践行的过程；最后，道德教育的目标是养成崇高人格，忽视了道德的层次性、将道德狭隘化，道德教育不仅仅要培养健全的道德人格，而且还要教会人们如何做出道德选择、形成道德判断、养成健全人格。因此，当前存在的道德教育效果显得苍白无力，有待提高。研究道德人格的形成和发展规律，可以为道德教育提供理论的借鉴。

0.2 相关的研究成果综述

马克思认为：“研究必须充分占用材料，分析它的各种发展形式，探寻这些形式的内在联系。只有这项工作完成之后，现实的运动才能是适当地叙述出来。”[①] 因此，系统地整理前人对道德人格的研究成果，是进行新研究的基础。当前对道德人格的研究主要集中在心理学、伦理学等学科。

当代国外对道德人格的研究主要是侧重从心理学对道德人格的研究。分为两个方向：一是将道德人格作为与道德有关的道德特质，这主要是对道德

①《马克思恩格斯选集》，第 2 卷，北京：人民出版社，1995 年，第 111 页。

榜样的研究，即研究道德榜样的人格特质和道德榜样的心理过程，并且将道德榜样与一般人的心理特征进行比较。二是强调道德人格的个体内部过程的社会认知路线，可以根据社会认知图式、知识结构和认知—情感机制来解释道德人格。认为道德人格是解释社会事件时的习惯可及性。①

伦理学对人格的研究是指人格的道德规定性。伦理学认为道德是人存在的一个重要的方面，道德人格根植于人的主体性，形成于人的社会关系，体现于人的道德品质，展现于人的道德境界。虽然，国内从伦理学角度以“道德人格”为题目的专著还没有，但不代表对道德人格的研究不丰富。涉及道德人格的专著有：朱义禄的《从圣贤人格到全面发展》、肖川的《主体性道德人格教育研究》、曲炜的《人格之谜》中的相关内容、包卫的《现代道德人格教育论》、李阳春的《湘楚文化精神与道德人格修养》、冒君刚的《毛泽东的道德思想和伟大人格》、吴进安的《三民主义生命哲学研究——从道德人格与生命态度解析》、孔润年的《伦理文化的人格透视》、何永胜的《论现代人格的塑造》、朱秉衡的《人格论》、余潇枫和张彦的《人格之境——类伦理学引论》等。

硕博论文更加丰富，1999年以来截止到2019年10月，以“道德人格”为题名的硕博论文在中国知网上可以查到122篇。这些研究可以分为三个部分。

一是基本理论。彭放珍的《论道德人格》、贺伟的《论塑造理想的道德人格——关于德育目的的思考》、亢丽娟的《道德人格的现代转换》、蒙冰峰的《主体间性道德人格教育研究》、钱素萍的《墨子道德人格研究》、宋义强的《道德人格生成论》、金英姬的《论道德人格》、蒋恩世的《主体性

① 王云强，郭本禹．当代西方道德人格研究的两类取向，《心理科学进展》，2009年第17期。

道德人格教育》、蒋红斌的《论自主选择性道德人格的培养》、曹红玲的《人的全面发展与道德人格塑造》、吴秀霞的《论人的主体性及主体性道德人格的构建》、张旭洲的《中国传统道德人格的现代转型研究》等等。

二是从特殊群体的视角研究道德人格。如蒋建国的《新世纪大学生道德人格研究》、韩春香的《社会转型期公务员道德人格的塑造》、蒋晓莺的《论中国企业家的道德人格及其建构》、张曦《论广告道德人格》、孙会迎的《单亲家庭青少年的道德人格问题及对策》、郭红英的《高中生道德人格的培养研究》、陈云霞的《当代女大学生道德人格研究》、张苹苹的《试论公共行政人员的道德人格及其完善》、虞斌龙的《中国知识分子道德人格研究——以鲁迅为例》、左雨佳的《高职高专学生道德人格的塑造》、吕文玲的《中学生道德人格的培养探究》、翟安康的《当代中国警卫人员道德人格养成研究》、刘德贵的《孔子君子理念对道德人格养成的启示》、孙健的《企业家道德人格构建研究》、游莉莉的《新医改背景下医务工作者的道德人格养成研究》、杨莉《中华优秀传统文化传承视角下高中生道德人格教育问题研究》、陈帅的《初中思想品德课教学中学生道德人格的培养研究》、路尧的《我国公民道德人格研究》、李嘉仪的《当代女大学生道德人格研究》、罗啸的《我国青年公务员道德人格培育路径研究》、王姿颐的《我国农村留守儿童道德人格教育研究——以盘山县 5 所中小学为例》、刘波的《当代语文教师道德人格研究》、朱烨的《关怀伦理视角下我国青少年道德人格的培育》、何巧玲的《当前我国志愿者道德人格培育研究》等。其中谈大学生道德人格的占了多数。

三是对著名人物道德人格思想的研究。如封云霞的《严复道德人格》、钱素萍的《墨子道德人格思想探析》、马丽娟的《冯友兰〈新世训〉道德人格思想研究》、霍青华的《儒家君子人格与当代大学生道德人格培养》刘移飞的《试论章太炎主体性道德人格理论》、熊英的《优秀传统道德与当代大学生道德人格培育》、张小兰的《孔子君子人格及现代人格的塑造》《弗洛伊德道德人格研究》《马克思道德人格对当代大学生道德人格培养的启示和借鉴》《致良知与道德人格的生成》《卢梭“道德人格”思想研究》《唐君毅道德人格思想研究》《论语的“君子”思想与当代大学生的道德人格塑造》等。

学术论文方面也是异彩纷呈。1979 年以来截止到 2019 年 10 月，以“道德人格”为题名的期刊论文和会议论文在中国知网上可以查到 853 篇。内容涉及道德人格的基本理论、特殊群体的道德人格和传统道德人格的现代转换问题等。其中有代表性的论文有：唐凯麟的《道德人格论》，单振涛的《道德人格及其培养》，彭升、彭放珍、曾金山的《道德人格内涵新析》，刘善仕的《简论道德人格及其结构》，向红的《道德人格生成逻辑探析》，何小勇的《和谐社会的道德人格支撑》，曾建平的《道德榜样与道德人格》，曾盛聪的《论中国现代化进程中的公民人格教育——基于中国文化语境的分析》，朱宝信的《综论中国传统道德人格的多重规定》，陈宣的《德育生活化—青少年道德人格培养的一种视角》，王晓漪的《论社会主义核心价值体系与当代大学生道德人格的建构》，程建军、张干的《略论道德人格和大学生道德人格的完善》，徐虹的《试论学生主体性道德人格的培养》，韦慧的《论大学生道德人格及其培养》，陈志兴的《时代新人的道德人格建构：价值意蕴、现实境遇与实现路径》，荣越的《大学生法律人格与道德人格双重建构现状、问题与对策》，李海军《当代大学生道德人格现状分析》，李洋、王昌纯的《试论心理学视域下当代大学生道德人格的培养》，王星、丁为祥的《道德人格与做人精神：陆象山心学的究极归向》，肖祥、张明琴的《浅析‘和合’文化与道德人格培育》，陈剑的《论党员的道德人格与政治人格》，叶钦的《关怀伦理下的青少年道德人格培育》，纪洪娟的《论当代青少年道德人格的涵养——基于孟子的理想道德人格思想》等。

概观国内研究现状，道德人格研究早已经引起人们的关注，涉及的范围也广。对特殊群体的道德人格、道德人格的现代转换研究居多。而在基本理论方面却明显不足，近年来研究得很少，以“道德人格论”为题名的硕士论文仅有两篇（一篇为伦理学专业的论文，一篇为思想政治教育专业的论文），以此为题目的博士论文还没有。其他基本理论成果不多，仅仅散见于一些论文之中，因此，对道德人格基本理论进行全面的探究是有必要的。

概观国内关于道德人格问题的研究，在基本理论方面大致归为以下几个方面。

一是关于道德人格含义的解说。学界对此问题的研究一般是在与人格的其他学科含义对比分析的基础之上来研究这个问题，尤其是与心理学对人格的研究的对比分析。认为追求的终极目标、内涵、外延不同。[①]在此基础上，不少学者提出了自己的道德人格概念。如：有学者认为道德人格是一个人作为道德主体的资格和品格。道德主体是遵从自己的道德理想和社会规范来处理社会关系的人，道德人格是能把各种道德因素综合起来、统摄起来使其遵从于一个合理的道德目标或道德理想的品格和能力。也有学者认为道德人格是个体人格的道德规定性，是一个人做人的尊严、价值和品格的总和。还有人认为道德人格即道德主体是具有人格意义的道德主体，并且拥有道德上的权利和义务。道德品质和道德行为是它内外两个方面的体现。还有人综合起来，认为道德人格是道德主体的资格、规格和品格的内在统一。这些观点角度丰富，大大推动了对道德人格的研究。

二是关于道德人格的特征，学界一般从意志自主性、自我同一性、主体完整性、主体超越性等方面进行研究。这些特点是典型的理想道德人格的特点，还需要总结一般道德人格的特点。

三是道德人格的结构和功能。在道德人格的结构方面有学者认为，道德

① 彭升，彭放珍．道德人格内涵新析，《现代大学教育》,2003 年第 2 期。

人格由理想和志向系统构成、动力支持系统、认识实践系统三要素组成，这是道德人格的实践过程结构；有学者认为认道德人格由道德意识、道德情感、道德意志、道德行为组成，这是道德人格的心理结构；学者唐凯麟认为应该从道德人格的社会规定性来看道德人格的结构，即道德人格的结构是个体道德的准则意识、个体道德责任意识和个体道德目标意识三个部分，而个体的道德意识、道德情感、道德意志、道德行为是作为道德人格结构的心理基础。笔者认为，道德人格的意识结构从道德心理学的角度来研究。当然从伦理学上必须指出道德人格还有道德行为作为其落脚点。功能方面有学者指出了人格具有感召力、启迪和教育作用、预见和示范功能；还有学者指出了道德人格具有行为动力功能、价值导向功能；也有学者指出了道德人格有对内、对外两种功能。对外功能是道德人格对环境的适应和改造；对内功能包括动机整合功能、价值定向功能、自我调控功能。道德人格的功能，其实主要是指道德人格的对内功能，道德人格一方面具有这些对内的功能，同时道德人格还有自身的价值。人格本身是一种价值。

四是道德人格的养成是研究道德人格的重要方面。在这点上有学者认为分为几个阶段:第一阶段:产生道德需要;第二阶段:形成道德认知;第三阶段:主体道德认同；第四阶段：社会道德的内化；第五阶段：个体道德外化——形成完整道德人格；有学者认为道德人格的发展经过了三个时期：他律时期、自律时期、他律和自律统一时期，这是道德形成的三个阶段。这也是可以理解的，但是道德人格还有个重要的方面就是道德境界的形成。我们如何形成一定的道德境界，这也是需要探讨的问题。还有人认为理想人格的形成一般经过反映，评价、升华和整合四个阶段。这是从心理过程来谈道德人格形成。

五是新时代道德人格的缺失。哲学需要指导现实，关注现实是道德人格研究的归宿。改革开放后中国进入了发展社会主义市场经济时代，这是当前中国最大的国情。学界认为市场经济对道德人格的形成有双重作用。积极和消极并存。有学者认为市场经济促进了人的多方面需求的发展，市场经济拓展了人的发展空间，但是同时市场经济强化了利己动机、拜金主义、使人格出现了市场化、商品化倾向；还有人指出工业时代的道德人格危机表现在：人与自然的关系上坚持人类中心主义导致的严重的生态危机；个人至上、极端自私，从而造成人际冷漠、战争频繁等日益严重的社会危机；物质至上、唯利是图。人们沉迷物欲、信仰缺失、精神颓废、道德堕落、人类的世界出现严重的危机。在原因方面大多数学者从市场经济的负面效应、道德人格的建设不力等方面提出自己的见解。

六是道德人格教育的研究。这个问题首先要解决的是在现代社会塑造什么样的道德人格。学界有两种观点。一种认为应该培养的是主体性道德人格，一种观点认为应该培养的是主体间性道德人格。当然二者实际上是不矛盾的。在内容方面有学者指出培养的是自尊自信、自立自强、自由自主、自觉自律的道德人格。在道德人格培育的途径和方法上：理性主义和功利主义的融合；传统和现代的结合、自律和他律的融合。当然在道德人格教育需要关注主体的需求和主体的环境两个方面，才能最终促进道德人格的确立。

0.3 研究方法、逻辑框架及创新思考

（1）研究方法

首先，唯物史观的研究方法。马克思主义唯物史观的研究方法是我们认识世界、揭露各种社会现象的锐利武器。对社会现象的分析不能脱离唯物史观的分析路径，否则就会误入歧途。研究道德人格问题也必须坚持唯物史观的研究方法。唯物史观认为社会存在决定社会意识，任何思想和行为都是社会存在的产物。道德人格作为人的一种精神现象，其产生、形成和发展也是受社会存在决定和影响的。因此，在对道德人格的研究中，我们也要坚持用唯物辩证法、历史与逻辑结合的分析方法及社会结构分析方法来探讨其相关

问题。

其次，综合研究方法。道德人格存在于一定的经济政治文化之中，建立在一定的社会心理和个体心理基础之上。因此，对道德人格的研究要综合哲学、心理学、社会学、现象学等多种研究方法，找到道德人格的特征和功能，道德人格的形成的影响因素等。

最后，跨文化比较方法。道德人格的研究不仅仅为我国所有，西方对道德人格也有不少研究，如现代西方就存在着人格主义伦理学，宗教伦理学等，这些为我们的研究提供了可以参考的资源。我们在研究道德人格的培育和道德人格的结构时要从中西方的比较和整合中进行研究，找到关于道德人格的真理性认识。

（2）逻辑框架

本书以道德人格的基本理论为基本线索，同时关怀现实的道德人格问题及其解决，形成了如下研究框架。

第一章，道德人格的界定。本章从词源学和学科对比的角度对人格含义进行比较分析，从而找到道德人格界定的坐标系。

第二章，道德人格的形成理论。道德人格体现在每一个个体身上，道德人格的形成有其人性论哲学基础。道德人格是个体和社会相互作用的产物。本章主要分析道德人格形成的影响因素和道德人格形成的必要条件。

第三章，道德人格的结构和功能。道德人格是一个完整的有机系统，本章探讨道德人格的组成结构和道德人格的对内和对外两种功能。

第四章，道德人格的发展理论。道德人格的发展理论从人类历史和现实个人方面探索道德人格发展进程，并探讨了道德人格发展的规律。

第五章，当代道德人格的境遇及培育。这一章立足于改革开放带来的道德人格问题，探讨道德人格问题的原因及培育的内容和解决的具体途径。

（3）创新思考

本书创新点主要体现在：第一，从人格的学科入手来探讨道德人格的含义，这就为道德人格的界定找到了广阔的学科背景支撑，将道德人格的定义落到精神自我上，从而找到了研究人格问题的线索；第二，本书探讨了道德人格形成的人性论基础，指出道德人格不是神秘现象、不是社会的强加，而是来自人性，这就为后面道德人格的形成提供了理论基础。第三，从新时代道德人格面临的问题入手，探索出了当前道德人格培育的基本内容和具体途径。

第 1 章　道德人格界定

每一个人都以人格的姿态生活在世界中，人也只有通过人格才能成其为人。人格是人的整体，而道德人格是人格的重要组成部分，因此，研究人格就成为研究道德人格的逻辑起点。人格是多学科研究的课题，不同学科从不同角度对人格进行研究。但对人格的研究都是对“人”“自我”的研究，探索人的本质和人的生命价值的实现和获得，最终目的是实现人的自由全面发展。道德人格研究是从道德领域对“人”的研究，这一研究指向个体人的道德自由。道德人格概念的界定需要从人格这一概念谈起。

1.1 人格界定

1.1.1 “人格”的词源变迁

词源探究是我们了解一个概念的重要线索。从这一概念的历史演变中，我们可以看到它原始的含义，以及含义的历史演进。“人格”（personality），在词源上，东西方有不同的含义，这些含义对我们了解道德人格的含义有重要的启示。

在西方，学术界认为“人格（personality）”的词源是拉丁文“persona”，意思是“面具”（mask），面具始于原始人的图腾崇拜和祖先崇拜。据法国学者佘敷华的考证，古代伊特鲁里亚人有把祖先的面具悬挂在生活住所的传统，以此来表明自己是属于这一种族的一分子。可见，“面具”代表着一定的身份，表示着自己的所属，实现一种自我对所属群体的认同。

同时，面具还是一定社会角色的代表，这主要表现在娱乐活动中。中国最早在周代已经有戴面具的习俗，主要用在驱鬼逐疫的民俗活动中；到了汉代，戴面具的活动演化为娱乐活动；两宋时用于戏剧表演。在古罗马，大约公元前100年，面具首先在古罗马演员中被采用，传说有一个著名的演员因为先天斜眼，为掩饰这一缺点，每次演出都必须戴上假面具，而这种造型很快被观众所认可，以后就逐渐延续下来了。这样，就促成了将面具和人格联系起来，"面具"成为人格的最初的含义。因此，人格即代表某一个人物角色，代表某一种性格特征，代表了一种展示给人的样子。

随后，古罗马政论家西塞罗在其作品中，将"人格"的含义引申为四个方面：一、一个人给他人的印象；二、人的社会身份或角色；三、专门指称优异品质的人；四、人的尊严和声望。其中前两个都继承了以前的含义，而第三个和第四个含义则是对人格的价值做了界定，即人格不仅仅是中性的，还包括优秀品质、尊严和声望，不仅仅指个人外部性格特征和气质，而且还指内在精神方面如品格与尊严。此时，人格的含义已经开始拓展，并且与现代含义相接近了。

到中世纪，相对于古典拉丁语义来说，拉丁文中"persona"的词义更加丰富了。科恩就曾指出，在中世纪拉丁文中，"persona"既有面具、戏剧中的角色的意思，也有人的个体特征（包括肉体特征）及人的社会地位、官阶等含义。

在中世纪，"动词 dispersonare 和 depersonane 不是指丧失个性和心理崩溃（现代精神病所说的"人格障碍"），而是指丧失地位、荣誉、资格和等级身份。"[1] 因此人格主要指的是表征人的东西，是加诸人身上的外在的东西如地位、身份和官衔。

①[苏]伊·谢·科恩.《自我论》，佟京韩等译，生活·读书·新知三联书店，1986年，第117页。

古代英语中是没有“人格”这一词汇的，它由拉丁文“persona”演化而来，最初是“personalite”，意思是人的个性、存在、品格、人格。到了中世纪之后，与人格相关的派生词开始出现，英语、法语、拉丁语都有。如英语中的动词“personanifier”（把……人格化）、名词“personification”（人格化）、形容词“personnel”（个人的）；拉丁语的名词“personalitas”；法语词汇“personlitel”（个人、人格）。

现代英语中，人格用“personality”表示，指人格或个性。一般说来，它解释为“state of doing a person”“existence as an individuality”，前者指的是“人的存在状态”，后者指的是“个性的存在”。以“person”为词根，无论是英语中的“personality”（人格或者个性）和，还是德语的“personlitat”（人格或个性）或者“personifizieren”（人格化），都是从心理学角度来界定的人格。《简明·不列颠百科全书》中也从心理学上给人格做了如下的定义：人格是“每个人所特有的心理、生理状态（或特征）的有机结合，包括遗传的和后天获得的成分，人格是一个人区别于他人并可通过他与环境和社会群体的关系表现出来”。这个含义指出了人格是在社会关系中表现的人与人相互区别的个体，它表现为人的整体。

在古代中国，“人格”这个词并不存在，它是个舶来品。它是近代从日本传入的，传入后迅速与中国的文化相结合，形成新的含义。中国虽无心理学等学科的人格含义，但是有丰富的关于“人品”“为人”“做人”“品格”等的思想。因此，中国很快接纳了“人格”这个专有名词，形成自己新的含义：道德水准和道德境界。

总之，在中国，人格是一个非常现代的含义，以至于在《辞海》《辞源》等中国古代工具书中看不到它的身影。而在《现代汉语词典》中，我们看到了对“人格”的三种定义：一是人的性格、气质、能力等特征的总和，这侧重心理学角度对人格的定义；一是个人的道德品质（道德人格），这是从伦理学角度对人格的定义；一是人的作为权利、义务的主体资格。这是从法学角度对人格的定义。因此，现代人格这一词汇含义大大扩展了。

综上，从词源上看，人格是人的整体的存在，它代表着人的地位、身份和角色，在中国尤其体现为人的道德品格。

1.1.2 人格含义的学科阐释

近代以来随着各门学科的建立，对人格的研究可谓异彩纷呈。各个学科从各自的角度来研究人格，由此形成了多种多样的人格的含义：如心理人格、社会人格、道德人格、哲学人格、宗教人格、法律人格、美学人格，等等，这些人格理论为我们研究道德人格提供了理论基础。

（1）心理人格

心理人格是从心理学角度对人格的研究。心理学是研究人格问题的重要学科，并形成了人格心理学这一学科。心理人格是一个人一致的行为特征的群集，是“个体在行为上的内部倾向，它表现为适应环境时在能力、情绪、需要、动机、兴趣、态度、价值观、气质、性格和体质等方面的整合，具有动力一致性和连续性的自我，是个体在社会化过程中形成的给人以特色的心身组织”[①]。心理学上的人格通常是我们所说的“性格”。心理人格的特点是统一的结构性自我，是人与动物相区别心理特征、心理个性。心理学上研究人格的目的是形成心理健康的人，它通过研究人格的结构和动力，确定健康人格的量度和标准来解决人格障碍问题，促进健康人格的发展。心理人格标准是健康不健康。从性质上看，“分裂人格”“变态人格”“健康人格”是其主要的人格类型。人格心理学在研究人格的过程中形成了很多学派，形成了对人格的不同的理解，代表学派有如下。

① 黄希庭.《人格心理学》，杭州：浙江教育出版社，1988 年，第 32 页。

① 精神分析学派

精神分析学派代表人物是弗洛伊德和荣格。弗洛伊德（1856—1939）是奥地利精神病医生及精神分析学家，他在对精神病患者研究的基础上创立了精神分析学派。他认为人格是由本我、自我和超我三个部分构成。弗洛伊德认为性本能是人格发展的动力。“性”不仅包括生殖本能，还包括饥饿、渴等所有与生命延续有关的本能力量。在弗洛伊德看来，性是所有活动的动力。因此，他被称为泛性论者。荣格（1875—1961）也是精神分析学派的杰出代表，他是瑞士著名心理学家，曾一度追随弗洛伊德，后与之分道扬镳，在对弗洛伊德的理论批判继承的基础上提出了集体潜意识理论和原型等理论。他认为人格也是个复杂的多层次的结构，有三个层次构成：意识、个人潜意识和集体潜意识。潜意识比意识重要，并且可以追溯到人类历史的早期。荣格在区分人格面具和人格的基础上提出了原型的概念。人格面具是一种公布于众的自我，目的是适应社会，实际上是一种原型，因此，具有一定的欺骗性。人格面具仅仅是人格的一小部分，而人格是由意识和潜意识、男性特征和女性特征、理性和非理性、心灵和肉体的各种趋向及把这些矛盾趋向导向协调的趋向共同构成的。

② 特质论学派

特质论学派是将人格与特质相联系的学派，代表人物是奥尔波特、卡特尔和艾森克。奥尔波特认为，人格是真正的人。他对人格下了著名的定义：“人格是个体内部心身系统的动力组织，决定人行为和思想的独特性。”（Allport，1961）他反对人格虚无的观点，认为人格的确存在；他认为人格具有独特性和整合性，人格是一个心身系统，具有推动和引导个体行为的能力。他提出了特质论。特质是人格的基本结构单位，是“具有使许多刺激在技能上等同的能量，具有诱发和指导顺应与表达性行为的等同形式的一种神经心理结构”。特质使得人格具有一致性和持久性。特质是对人格的一个测量单位，特质决定了人格。卡特尔和埃森克是这个学派的代表人物。

卡特尔（1905—1998）使用因素分析法研究来研究人格。他认为人格是由基本元素构成的，这些元素就是人格特质。人格特质是一种心理结构，相当于持久和广泛的行为倾向。人格关系到有机体和行为之间的所有行为，是可以从这些行为中表现出来的东西。如果给予一定的条件，就可以根据人格预测行为。卡特尔经过几十年的研究提出了许多人格特质。他认为人格的发展是由遗传和环境来决定的，2/3 是由环境决定的，1/3 是由遗传决定的，并且环境也受遗传的影响，他认为早年生活对人格形成有重要的影响，人的许多人格特质在 7 岁之前就形成了。

埃森克（1916—1997) 是英国心理学家。他和卡特尔都用因素分析法，探索人格的基本单元。他在《人格维度》中指出“人格是生命体实际表现出来的行为模式的总和”。提出了人格结构的四个方面：认知（智力）、意志（性格）、情感（气质）和躯体（体质）。后来又指出，人格就是一个人的性格、气质、智力和体格的稳定持久性组织。其中，性格是稳定的意动系统，气质是稳定的情感系统，智力是稳定的认知系统，体格是稳定的身体形态和神经内分泌系统。他将体格也划分到动力人格的内容里面。

③ 行为主义学派

行为主义学派认为人格是习惯性的行为方式，代表人物是斯金纳、米勒、多拉德、班杜拉等。斯金纳将行为分为应答性行为、操作性行为。按照斯金纳的观点，人格是一种惯常性行为方式，它是通过操作性行为形成的，是通过对惯常性行为反射的强化而最终形成的。人格在形成过程中需要一些物质作为强化物来维持人格的持续性和完整性，这些强化物包括金钱、分数、认可、地位、表扬、警告等。

多拉德和米德用学习理论来解释人格。认为人类行为是习得的、而不是天生的。认为行为学习需要四个因素：驱力、线索、反应和强化。

班杜拉（1925—）是美国心理学家，社会认知理论的创始人。他提出了观察学习的概念。他认为，人格的形成是通过观察别人的行为进行学习，榜样的作用很重要。榜样主要有言传和身教两种。同时班杜拉提出了自我调节理论。自我调节是个人使用认知过程来调节自己的行为。包括三种不同的成分：一是自我观察；二是判断过程或个人标准；三是自我反应过程。环境、个人直接经验到的后果和借助观察他人间接经验的结果这三种因素影响个人行为。

④ 人本主义学派

人本主义是 20 世纪 60 年代在美国兴起的一场心理学运动。马斯洛（1908—1970) 和罗杰斯（1902—1987）是其主要代表。马斯洛研究的人是积极的、经验着的个体，强调人的选择性、创造性和自我实现。需要层次理论是他的杰出成果。他将人的需要分为：生理需要、安全需要、归属和爱的需要、尊重的需要、自我实现的需要，这五个层次是从低到高依次递进的。只有满足了低层次的需要，才能过渡到高层次。需要层次的差异决定了人格差别。最完美的理想人格是自我实现的人格，这是对人的潜能的充分发挥，马斯洛在研究了许多自我实现者之后概括出了他们共同的人格特征：更大的洞察力、更大的宽容、热爱交际而又单纯和自然、为事业献身、有离群独处的需要、高度的自主性、永葆对日常生活的新鲜、经常性的“高峰体验”、对人类的一种归属感、与少数或者所爱的人有亲密的关系、民主的性格结构、强烈的道德感、善意的幽默感、创造性、对文化适应的抵抗等。[①] 罗杰斯是另一位人本主义大师。他的人格理论的重心是自我理论。他认为，机体和现象场是自我理论的出发点。机体是指一切经验的所在地，这是由个人对自身潜能实现的追求激发的，人的机体是积极主动的、自我实现的和自我指导的。现象

① 陈少华.《人格心理学》，广州：暨南大学出版社，2004 年，第 150-151 页。

场是一个人的内心世界或者经验世界，是一个人看待世界的独特方式。自我是由现象场的一部分分化而成的，是指那些有结构的、和谐一致的概念格式塔，其组成是对于主体我和客体我的特征的知觉和对主体我和宾格我与他人和生活的各方面的关系的知觉，以及与这些知觉有关的价值观念。也就是自我即我们感知和体验我们自我，包括对主体自我、客体自我的感知和对其价值判断。

由上可知，心理人格主要表现为人的需要、态度、价值观，同时表现为人的行为。

（2）哲学人格

哲学上对人格的研究不同于其他学科，它撇开了人格的具体特征，抽象出人格的共同本质和共同特征。它不是从人的“存在”出发，而是直接从人的生存出发来探究人之所以为人、人区别于动物的内在本质属性。人格即人的主体性资格。哲学人格是从“人之为人”的前提和根据出发对人的考察，是从哲学的生存论出发对人格问题进行形而上学抽象，关照人格的价值内涵和意义。哲学上认为，生理、心理、精神的存在仅仅是人存在的一部分，更重要的，人是在前者的基础上形成的历史和文化价值的存在。哲学上认为，人格是在历史和文化价值存在的意义上获得规定的人，也就是说人之区别于动物在于人是有一种“超自然”的存在，是表现着自身意志和意识的“价值生命”，这是人作为类存在物的规定，是人类的生命奥秘，集中体现了人格的社会特质。这种价值生命是人的创造性、超越性、自主自为性的表现。这种价值根源于类关系，类本性和类需求的社会价值。[①] 哲学人格是从“人之为人”的前提和根据角度对人格的考察，研究人格的本质、价值等人格学说的前提和基础课题。这些研究为其他学科人格研究提供本体论基础和价值论

① 余潇枫.《哲学人格》，长春，吉林教育出版社，1998 年，第 37 页。

向导。哲学人格研究的主要方面如下。

首先，哲学人格对人之为人的本质，即人的主体性资格的界定。不同思想家对这个问题有不同的见解。如理性主义者笛卡尔提出了“我思故我在”，理性是人之为人的本质，理性是先天的，人生来就有的。理性精神就是人格。康德认为人既是理性存在物也是感性存在物，人的理性及建立在理性基础上的自律是人区别于动物的唯一标准。黑格尔认为的理性是神的理性，人格是被理性规定了的东西。黑格尔认为：“人格的要义是我作为这一个人，在一切方面（在内部任性、冲动和情欲方面，以及在直接的外部的定在方面）都完全是被规定了的和有限的。”[①]这种规定来源于理性，这种理性是神的理性。非理性主义者代表人物是叔本华、尼采、柏格森和萨特。非理性主义者认为，世界的本质是人的理性无法理解的神秘存在，人类的行为和社会的运作归根到底是受盲目的冲动操纵的。叔本华推崇生命意志，尼采推崇强力意志，柏格森推崇生命冲动。

其次，哲学人格对人格价值的探讨。对人格价值的探讨在中西方都有阐述。康德和中国的孟子都对这一问题进行了探讨。在康德看来，人格是人内在价值的来源。内在价值是相对于工具价值而言的。价值分为两种，工具价值和内在价值。工具价值是指：“如果一个事物仅仅相应于在它之外的某物、并且在服务于该物也就是以该物为目的的意义上具有价值，那么，它……只是具有相对于它所服务的事物而言的外在价值或手段价值。”[②]内在价值是指“某事物具有一种以它自己为目的的特性”[③]。而人的价值是比较特殊的价值形式，一方面，是手段价值，这是我们每一个人在满足其他人发展需要的关系中实现的价值，人和人之间互为手段。这个价值是人的工具价值。另

①[德]黑格尔.《法哲学原理》，第 35 节。

② 崔宜明.《道德哲学引论》，上海：上海人民出版社，第 27-28 页。

③ 崔宜明.《道德哲学引论》，上海：上海人民出版社，第 27 页。

一方面，人具有内在价值。物的价值是只相对于人来说才具有的，是工具价值，而人的价值有不同于物的价值的价值，是以自身为目的的价值，是内在价值，这种价值是不因外在事物的存在而改变的，这种价值是人受尊敬的来源。人为何有内在价值？如何确认人的内在价值。事物不能认识自己因而其价值要靠人来确定，而人的价值只能从人性的理解中来得到。康德就指出，人有与物不同的地方，人不仅仅是将别人看作是工具，而且也将自己和别人同样当作目的，这是人与物相互区别的地方。而人唯有将别人看作是与自己具有同样目的的人，人才有内在价值。而这种内在价值来源于人格。在康德看来，人的内在价值就在于人有理性，理性把人同动物界分开，从而使得人有善良意志，形成道德人格。人格是超越于人的感觉世界之上的，这里的人格就是道德人格的含义。人格内涵着人的职责是作为理性人的行为法则，它超越于人的感性，超越于人的同情，是理性的命令、是自由，是人遵从理性准则的能力。这种能力是人被尊敬的来源，是人的内在价值来源。即“人类唯一能够自己给予自身的那个价值的不可或缺的条件，就是出身于这个根源的”[①]。

因此是我们值得尊敬的原因。这里作者指出了人尊敬的来源是人对理性世界的天职的遵守和敬重。可见，在康德看来，人的内在价值和尊敬不在于人的物质的满足、不在于人的社会地位，而在于人对道德法则的遵守（这是人的存在的决定的）。“而唯有凭借人格他们才是目的本身”，这句话是每个人对道德规则的遵守，就体现了人的内在价值。中国哲学家孟子指出：“有天爵者，有人爵者。仁义忠信，乐善不倦，此天爵也；公卿大夫，此人爵也。”（《孟子·告子上》）天爵即是人的道德人格，是来源于天的，或者是内在具有的；人爵是人的外在官位、金钱等。他认为只有道德人格的价值才是人价值的最高体现。因为人格是人的修养的结果，是人长期稳定的道德素质，这种素质

① 崔宜明.《道德哲学引论》，上海：上海人民出版社，第94页。

不以自己的官位和金钱因素的消失而消失。同时，内在价值是外在价值实现的保证。孟子指出："古之人修其天爵，而人爵从之。"道德人格是外在的金钱、官位等外在价值获得的必要条件和保证。人的最大的价值不是外在价值，而是人的内在价值：道德人格。因为这是人可以自己决定的，而人的外在价值是被授予的、有很大的可变性和偶然性，不具有最高价值。

现象学的人格观和人格主义的人格观是哲学人格理论的重要代表。

① 现象学的人格观

现象学将人格作为本体，认为哲学的根本问题是对人的研究。认为人是人格的存在。这是现象学的人格观。现象学认为人是一种整体性的存在，是行动者的某种"统一体"，这种作为"统一体"的存在就是人格。现象学人格论代表人是舍勒和海德格尔。

第一，舍勒的人格 – 价值观

舍勒是现象学人格观的代表。他认为人是哲学研究的本体。"哲学的所有核心问题均可归结为这样一个问题：人在世界中的位置"，因此，他将人格作为自己研究的课题，虽然他认为"人难以定义"。他批判了对人的片面性解释，反对将人看作理智产物、符号产物或者劳动产物，认为人就是整体的存在，是行动的某种统一体。舍勒认为人的本质生命不是理性而是精神，精神（相对于冲动）才是实践智慧的生命存在，精神将人与动物区别开来，是人格本质的东西。舍勒批判康德是形式主义的伦理学，建立了具有实质的价值论的伦理学。人格就是这种价值的担负者。舍勒将人格与价值联系在一起。在他看来，人格是"生命与精神""冲动与精神"的二元存在，精神和生命的本能冲动是人格中两个对立和相互冲突的原则。而人格的本质是精神。他把精神看作是人区别于动物的根本标志，生命冲动的依据。因此，人格是"个体的精神人格"。舍勒认为人格的价值是最高的价值。他将价值分为一个等级序列：感性价值、实用价值、生命价值、精神价值、宗教价值，这是个从低到高的价值序列，与这个价值等级序列相对应的是人格的等级序列。

舍勒注重情感，认为情感优先于认识和意愿，他将基督教的“爱感优先论”引入哲学，认为爱是一种自发的精神的行动，是激发认识和意愿的催醒女，是精神和理性之母，爱完全指向于积极的人格价值[①]。

第二，海德格尔的“绽出生存”的人格观

海德格尔在批判康德的基础上，将“此在”作为我们自身所处的存在者，“实存”是我们的存在方式，此在是“–EK”（出来）的过程，也就是“绽出生存”，也就是自我存在。海德格尔认为情绪是此在的展开方式，他重视“畏”这种情绪，认为这是此在存在的本真整体。因此，海德格尔避开了理性这一传统的人格规定，转向了情绪。情绪把存在带进它的“此”。人是被抛在情绪的状态中，这是绽出生存的存在者的存在方式。此在造就世界，而不是上帝造就世界。在海德格尔看来人经常处于闲言、好奇、两可的“沉沦”状态中，这不是人的本真和自由的状态。“畏”这种情绪是人从这种状态转回到本真状态的契机。“畏之所畏是在世本身，畏之所畏者为此在本身。”“而畏之所为的本真只有在畏始的敞开来的无之中才有可能。”“如若没有无之源始的敞开状态，就没有自身存在，就没有自由。”[②]因此，人格是“此在”整体的、创造性的、实际的绽出生存之自由，这超出了康德片面的、形式的自律人格的特征。

② 人格主义哲学的本体人格观

人格主义学派是现代宗教哲学的流派之一，形成于19世纪末，以美国为中心，主要创始人是B.P.鲍恩，R.T.弗卢埃林和W.E.霍金等人，还有20世纪30年代法国的代表人物是E.穆尼埃和J.拉克鲁瓦。鲍恩认为哲学是我

① 余潇枫.《哲学人格》，长春，吉林教育出版社，1998年，第120页。

② 海德格尔.《路标》第133页，参照《海德格尔选集》上卷第148页，熊伟先生的译文有所改动。

们看待和解释世界或生活经验的一般方式。他将我们看到的世界分为两种："现象世界"和"人格世界"，前者是表象，后者才是实在和本质。人格不是一种属性，而是一种最基本和最终的存在事实。"它是作为一种现实的存在而给定的……这种自觉的存在乃是真正最终的事实。"[①] 人格世界是"一个充满人性理想，人类目的和力量的世界。在这个世界中，人是真正的目的。"[②] 他认为非人格哲学看不到物质的或现象的世界背后有一个"目的的世界"。同时他认为人格的世界是遵守理性规律的世界，有共同的价值目标和规范；共同的人格存在和人格世界是人们共同存在的基础，也是人类共同理想精神展开的场所。鲍恩将哲学与宗教相联系起来，哲学注重现实的人格，而宗教则是关注理想普遍人格。因此，鲍恩的人格哲学也是一种宗教价值论人学。

人格主义认为人格是首要的存在，整个世界因为与人相联系而获得意义。人格是人具有自我创造和自我控制力量的自由意志；认识也是由人格决定的，而且认识只能凭借直觉而来的概念和理性；上帝是最高的人格。别尔嘉耶夫认为，自由高于存在，在主客体关系上认为主体高于客体，人格价值体现的就是人的主体性。"个体人格绝不是既定的材料，而是人的一宗理想和一道习题。谓之理想，指个体人格的完美统一和整体性；；谓之习题，指个体人格自己建构自身。任何一个人都不能大言自己的个体人格已经完成。个体人格是价值哲学的一项价值范畴。"[③] 个体人格是我的整体思想，我的整体意志，我的整体情感和我的整体创造行动。同时，他认为个体人格不仅有人性也蕴含神性，神性是人的超越性存在的来源。可见这种理论与宗教密切相关。

① 万俊人，《现代西方伦理学史》(下)，北京：中国人民大学出版社，2011 年，第 662 页。

② 同上，第 663 页。

③ [俄] 尼古拉·别尔嘉耶夫.《人的奴役与自由》，徐黎明译，贵阳：贵州人民出版社，2007 年，第 5 页。

（3）社会人格

社会学对人格的研究主要是通过实证的方法，立足于社会，从人和社会关系的角度研究人在社会中的角色定位。最早提出社会人格概念的是法兰克福学派的代表人物弗洛姆，他把人格定义为：社会中的角色定位。他指出，社会人格是一个社会集团、组织中大多数成员性格结构的核心，是在共同的社会经验和生活方式的发展形成的结果。社会学把人格看成是一种非个体的社会共同体、阶级、群体、民族的社会典型。如学者良心、军人魂魄、国民性格。社会人格强调的是民族文化、群体心理、社会规范的个体化，个体不是孤立的，其行为必须遵守社会的经济、政治、文化、道德、法律等社会规范。违反社会规范的社会病态人格，在社会学上称为“反社会人格”。社会学上的人格强调“持久的自我”，认为人格是“成人具备的个人性格，是个人行为特质表现的统一性和固定性的配合形式”①。即人对周围环境的行为方式的统一性和固定倾向性。

社会化是社会人格理论研究的重要内容。社会人格理论认为只有个体接受社会规范才能被社会所承认、所接纳。而这种适应性是社会化的结果，因此社会学研究人格尤其关注人的社会化，认为人格是人的社会化产物。是“个人与他人在互动过程中发展而形成的行为倾向”（布卢默），“社会化是一个个体，通过学习群体文化，学习承担社会角色，把自己一体化到群体中去的过程”②，社会学认为人从出生到长大，在社会上与他人共同生活时，受到他人的心理和社会文化的影响，逐渐形成为各种行为方式，这种影响包括家庭教育、社会教育和学校教育。家庭教育是基础，社会教育和学校教育是人格形成的关键。社会学对人格的研究是为了进行人格的调试和解组，前者

① 曲炜.《人格之谜》，北京：中国人民大学出版社，1991 年，第 16 页。

② 北京大学《社会学教程》编写组.《社会学教程》，北京：北京大学出版社，1987 年，第 60 页。

是指“个人行为与社会标准相互配合而有效地参与社会生活”[①]，后者是指“个人与社会行为标准脱离，不能有效地参与社会生活”[②]。总之，社会学对人格的研究目的是实现个人人格的社会化，实现个人对社会的适应。

（4）法律人格

法律是对处于社会关系中的人的权利和义务的规定。法律上对人格的研究目的是维护和保障人格权，这些权利包括生命权、身体权、健康权、自由权、肖像权、名誉权、隐私权、信用权、性自主权等。现代人格权观念认为，人格权是“人之为人”所必须享有的基本权利，人格权是自然人享有的最高利益[③]。个人在法律上和事实上不享有人格权，则必将丧失做人的根本权利和作为人的基本价值。法律人格权是个人的基本价值，享有人格权，是做人的根本权利，否则人就无法实现自己的价值。法学上通过研究人格权来确定人作为一个人应有的资格、权利、能力，以此来维护个体的尊严和价值。法律人格是平等的，任何将人作为手段的都是非人道行为，都是不受法律保护的，以此为主体从事民事活动提供了前提条件和必要的保障。

“一旦将人格赋予法律性，赋予其主体、权利能力、受法律保护的利益等多种含义，人格就成了法律人格。”[④]法学人格有三重内涵：第一，法律主体。这是具有独立的法律地位的民事主体。包括自然人和法人，此时的人格是人格权的载体。第二，主体的资格。是指作为民事主体所具备的资格。只有具备了民事资格，才能成为民事法律关系的主体，才能享有民事权利，承担民事责任。第三，人格利益。是指人格法中体现的受法律保护的利益，包括人

① 曲炜.《人格之谜》，北京：中国人民大学出版社，1991 年，第 16 页。

② 曲炜.《人格之谜》，北京：中国人民大学出版社，1991 年，第 16 页。

③ 王利明.《人格权法》，北京：中国人民大学出版社，2009 年，第 1 页。

④ 马骏驹，刘卉.法法律人格内涵的变迁和人格权的发展——从民法中的人出发，《法学评论》，2002 年第 1 期。

格独立、人格自由、人格尊严、人身安全，以及体现在姓名权、名称权、肖像权、名誉权、隐私权、信用权等具体人格权中的人格利益。

法律人格是以对人的法律资格的认定程度为基础的。不同时期对人的法律资格即主体资格的认定是不同的。因此，法律人格是个历史概念，不同的时期有不同的形态。法律人格资格也是一个逐渐提高、逐渐扩展的过程。法律人格经历了从不平等的身份人格到形式平等的伦理人格，再到实质平等的法律人格的过程。

在古代罗马法中，用“Persona”表示法律人格。这个词广义上是指所有具有血肉之躯的人，但狭义上仅仅指自由人。法律人格的获得需要具备三个条件，人的生存、自由身份和市民身份。因此，此时法律人格的范围还小，人格还依附于身份、宗族和价值。这样，人格权也仅仅是自由权，市民权和家族权。只有具备这三项权利的人才能有法律上的人格。因此，古罗马法律人格是身份和等级的象征，是不平等人格。近代，随着欧洲运动的兴起，自然法思潮的发展，人格与人格的伦理性开始产生密切的联系。“内在与作为种属物的人的道德的自由及其意志，该自由与意志的因素证明人具有资格成为人格人”①，此时以伦理人格作为自己的哲学基础使得法律人格从不平等走向形式平等，人格权也基本确立。此时人是被抽象掉了各种能力和财力的抽象的个人存在，人被看作是平等的主体，取得了形式平等的地位。人与人之间的财富、相貌、肤色、知识、地位甚至是意思能力等的差别全部被忽略，每一个人在法律范围内享有权利、从事活动的资格平等和机会平等，近代人格权制度才真正建立起来。其标志是1907年的《瑞士民法典》，这个法典是明文规定公民“人格权”的第一个法典，既规定了个别人格权，也规定了一

①[德]罗尔夫·克尼佩尔.《法律与历史——论德国民法典的形成与变迁》，朱岩译，北京：法律出版社，第63页。

般人格权。到了现代，人格权又有新的发展，从形式平等开始着眼于实质的平等。不仅仅关注抽象的人格，而且进一步着眼于具有强弱、贫富、贤愚等有差别的人，保证其基本的生存权利和能力，促进其发挥作为主体的意义。

人格权在现代越来越受到重视，主体既包括了自然人也包括了法人。人格权的权利内容也越来越广泛，出现了贞操权、隐私权等内容，甚至将来还会规定胎儿和死者的人格权，各项人格利益的保护也越来越深入和全面。可见，研究法律人格的目的是确立人格权，人格权是民事主体实现人格自由、人格独立和人格尊严的重要条件，是享有和实现财产权等其他民事权利的前提。

（5）宗教人格

宗教是人类自己创造的，是人认识自身的一种方式。人类创造神是为了超越自己有限的生命存在方式，追求高于自己人性的一种方式。宗教人格的特点分为几个层次：一是，超脱世俗的出世人格。宗教人格的人生价值取向并不在现实的世俗功利的追求上，而是否定世俗生活，否定世俗人生的意义。这主要表现在一些佛教徒身上。他们能够清静无为、平静祥和、慈悲包容、活在当下，而不是通过向外找寻安全感、舒适感和价值感；他们“与物无贪求，与人无争执”，忍辱精进，达天知命。执着于理想、自我完善、达到精神的自由；二是，宗教人格追随人格典范为自己行为的依据。基督教将耶稣视为完美人格、完人的典范。跟随主就是效法主，是完成上帝的旨意，跟随主的具体表达就是爱上帝，尤其是无条件地为他人牺牲。这便是效法耶稣的意思了。耶稣告诫人们：“你要尽心、尽性、尽意、尽力爱主你的神，其次，就是说，要爱人如己”。佛教徒以“菩萨怎么做，我就怎么做”为自己的行为指导，实践“不为自己求安乐，但愿众生得离苦”（《华严经》）的佛陀精神，在成就他人的过程中成就自己。现实中人的宗教人格并不是独立的人格，而是将宗教人格和道德人格合一，如有些佛教徒乐于助人，这也体现了他们的道德人格。三是，宗教人格还有一层含义是根据对宗教教义的遵守而形成的人格。如在佛教中根据遵守戒律的不同有层次不同的人格。如小沙弥、净人、比丘（尼）、佛等。

（6）审美人格

审美人格是美学对人格的研究。美学认为审美是人最具本质性或本真性的存在方式。审美人格是“美学意义上的人格，指人的精神面貌具有审美特征，达到了美的境界，表现出和谐、个性、自由、超越和创造等基本特性”①。求真、向善和求美是人的本质力量的体现，智能、品德和审美就构成了人格的三个要素。“在人格三要素中，善是中心、真是基础、美则是善的升华。”② 在人格心理结构中，真是理智的内容，善是意志的体现，美则是情感领域。从层次上看，审美人格处于人格的最高层次，因为审美人格的最大的特点是自由。席勒说：“在权利的力量的国度里，和人以力相遇，他的活动受到限制。在安于职守的伦理的国度中，人和人以法律的威严相对时，他的意志受到束缚。在有文化教养的圈子里，在审美的国度中，人就只需以形象显现给别人，只作为自由的游戏的对象而与人相处。通过自由去给予自由，这就是审美王国的基本法律。”③ 美达到了真和善的统一，客观规律和人的主观能动性的统一。如果说理性人格抑制个体的情感、道德人格包含受到约束的他律，那么审美人格就是对二者的超越，使人的感性、理性和非理性等几个方面同时得到发展，统一在个体人格中。审美人格在日常生活中表现为一种“诗意的生存”（海德格尔）的态度，这种人格超越了现实功利的生活目的，享受生活本身，在生活中实现美，是为了生活本身而生活，实现生活多方面价值的统一。

---

① 何齐宗.《审美人格教育论》，北京：人民教育出版社，2004年，第44页。

② 陈望衡.试论审美人格，《求索》，1994年第6期。

③ 席勒.《美育书简》，北京：中国文联出版公司版，第145—147页。

1.1.3 各学科人格含义的比较分析

各个学科从不同角度对人格进行研究，方面各有侧重，对他们的比较分析有助于我们更加深刻了解道德人格的含义。

（1）共同点

①各个人格都是稳定性和发展性的统一

人格最终体现为稳定的品质，同时，各种人格不是个体生来就具有的，而是在个体发展过程中逐渐形成的。稳定性是发展的结果，经过人格自身的发展，大致形成了基本稳定的人格状态；同时这种稳定的状态为人格的进一步发展提供了基础条件。人格是独特性和共同性的统一。人格的基础是人的自我意识，自我意识的不同和生存环境的不同导致了人格的差异，因此每个人形成了独特的人格特点，这是独特性。共同性是指，各个人格都是在社会中形成的，因此，各个人格有共同的社会性作为他们共同特点。

② 各个学科的研究以“自我”（self）作为核心

人格是人的本质的存在样式。自我是人的本质的根本体现。科恩指出：“自我是个人的内核，是个人最能动的自觉因素，是个人自我意识的凝聚。”① 生理人格是“自我的外延”，心理人格是“心理自我”，是个体统一的结构性自我，是个体社会中形成的具有内在动力型和组织型的结构自我；社会人格是“持久的自我”，是个体在环境中表现出来的行为的统一性和固定性；法律人格是指“人的价值自我”，是具有权利和义务的主体性资格；哲学人格是指人的“第一性的自我”，是人的本质存在形式；审美人格是指“人的感性自我”，是人的自由超越性的存在；宗教人格是“无我”。自我是一个人从主观反思的角度来把握自身存在的一个概念，它把同时态中一个人的各

①[苏] 伊·谢·科恩.《自我论》，佟京韩等译，生活·读书·新知三联书店，1986 年，第 13 页。

种活动和意识统一起来，使一个人在各时态中变化万千的思想和生命保持着同一。

（2）不同点

事实和价值判断侧重点不同。心理学对人格的研究较多侧重于实证研究，做事实判断，追求客观性。心理学要求像研究自然物理现象那样研究关于人的问题。它主要是通过心理测试或者临床观察，探索心理人格形成的过程、机制和发展的规律，为人格发展提供相关的材料和数据，揭示“人是什么”“人的发展是怎么样的”的事实问题，目的是对心理人格的真理性认识，提出解决病态人格的方法和实践，心理健康是其追求的目标。这种心理健康关系着人的心理活动、行为的完整和协调一致。心理人格不做价值的判断，“从科学的观点看，所有的人格都是相等的，不存在一种人格比另一种人格好或者坏的情况”[①]。道德人格、哲学人格、社会人格、审美人格、宗教人格都是从价值角度对人格的探索，都是对“人何以为人”的价值的探求，只是各种人格理论的立足点是不同的。社会人格是从社会学角度对人格的研究，其立足点是社会，探讨人的社会形成和社会规定；哲学人格直接从人的存在，立足于“类”的角度，指出了人格是社会历史和文化价值存在的人；宗教人格有自己的话语体系，它往往立足于人的无限生命，指出人不仅有现世生命，还有无限生命，从人的终极关怀的角度来探讨人何以为人；法学人格则立足于人的法律关系，确立何以为人，来确定人的权利义务主体的一种资格，其内容表现为人格权，而人格权是最基本的权利，否则人就无法保证人的尊严，而这种人格权的内容往往具有明显的历史性，随着历史的演进，这种人格内容也丰富起来，体现了人类文明程度的提高；审美人格立足于人是需求、欲望和兴趣等感性生命存在，是人格的最高层次，是具本真性的生命活动。审

①[美]马克·柯克.《人格的层次》，杭州：浙江人民出版社，1988年，第2页。

美人格是真和善的统一，规律性和人的主观能动性的统一，是道德人格的升华，是理想人格的实现。道德人格则立足于人的现实道德关系，体现了人的道德主体资格和道德水平的层次。它不仅仅有善恶的区别，还有高下的差别。这几个人格都体现了人与动物的差别，是人的尊严和价值的体现。

综上，我们认为，人格都是关于自我的研究。是建立在自我的存在、自我意识、自我的创造和修养而成的，是通过行为展现出来的，是具有动力和组织的整体。它是真实的、完整的、统一的自我系统。

1.2 道德人格的内涵及特征

道德人格是从伦理学角度对人格的研究。现实生活中的人是处于伦理关系中的人，是道德规范和道德义务的承载者。伦理学将个体同社会道德关系、道德活动联系起来，从善和恶、高尚和卑下分别来揭示个体人格，探讨道德人格差别的原因、揭示道德人格形成发展的规律，最终成理想道德人格。

1.2.1 道德人格的内涵

（1）对道德人格的内涵国内学者有不同理解

学界对道德人格的内涵，主要有以下几个观点：①主体的角度。道德人格即道德主体，是道德主体的资格和品格的确认。如赵成文认为，道德人格是一个人作为道德主体的资格和品格。道德主体是遵从自己的道德理想和社会规范来处理社会关系的人，道德人格是能把各种道德因素综合起来、统摄起来使他服从于、遵从于一个合理的道德目标或道德理想的品格和能力。[①]龚群教授认为，道德人格即道德主体，是具有人格意义的道德主体，并且拥有道德上的权利和义务。[②]人格意义是指人的自主性、完整性、稳定性和发

① 赵成文. 试论道德人格及其功能,《华北水利水电学院学报》(社科版),1997 年第 4 期。

② 龚群，《青年伦理学》，北京：解放军出版社，1988 年，第 35 页。

展性等特点。这里将道德人格与从事道德实践的人相等同。②从人格的角度。认为道德人格是人格的道德规定性。唐凯麟认为，道德人格指个体人格的道德规定性，是一个人做人的尊严、价值和品格的总和。[①] 在这个定义中，就个人的尊严而言，它是人区别于动物的规定性。因此人格是平等的。这是广义的人格概念。而人的价值和品格则是一个人区别于他人的规定性，是比较稳定的内在结构、精神结构和内在倾向，具有差异性和层次性。彭定光认为，道德人格就是人格的道德规定性，是具有稳定性和确定性的内在价值原则和价值观念的主体。扬弃了道德规范的外在性、他律性、异己性，主体自己调控自己行为的稳定的内在价值原则、价值观念以及相应的责任感。[②] 罗国杰教授认为道德人格就是"具体个人的人格的道德性规定，是个人的脾气习性与后天道德实践活动所形成的道德品质和道德情操的统一"。[③] 这些观点将道德人格作为人格系统的一个子系统来探索。人格是人的尊严和价值，当然道德人格也应该体现这些价值同时道德人格更表现为道德品格。③还有一种观点为从道德角度来定义道德人格。刘善仕认为，道德人格是特定社会关系规定的个体对待道德生活的立场和态度，它是由道德主体所处位置中的各种因素（过去的与未来的、主观的与客观的等）交融而成的一种具有价值取向性特征的动力系统。[④] 这是将伦理学与心理学相结合的观点。④在上述观点的基础上，彭升综合起来认为道德人格是道德主体的资格、规格和品格的内在统一。资格是人的尊严，是人区别与动物的规定性，是与生俱来的一种人类的尊严，在这里指出了人格是人的地位和尊严的表征。规格指从道德主体长期遵循的特定道德规范的性质和层次中所折射出的人格境界，其高低

① 唐凯麟，"道德人格论"，《哲学动态》，1994 年第 11 期。

② 彭定光．道德人格再认识，《湖南师范大学社会科学学报》，1992 年第 3 期。

③ 罗国杰．《伦理学》，北京：人民出版社，1989 年，440 页。

④ 刘善仕．简论道德人格及其结构，《长沙水电师院学报》，1990 年第 4 期。

直接决定了道德主体是否真正具有做人的资格和品格的高低，进而决定道德人格的有无。品格又可称为品德、品质，“是道德主体在长期的、一系列的道德行为中形成并通过道德行为表现出来的一种较为稳定的内心状况和心理特征”①（即道德品质），有三个层次：善、可容、恶。道德人格仅指具有善的品格的主体人格。人之为人的资格是主体道德人格形成的必要前提；规格是判别主体人格境界的分野，它直接决定主体道德人格的有无；品格是规格的外化，作为道德人格的实质所在，它直接体现出道德人格的水平高低。②

（2）道德人格的内涵分析

从伦理学上探讨道德人格的内涵需要将其放在特定坐标内：一方面，道德人格是哲学人格的一部分，从哲学上探讨的人格是对活动主体资格的哲学表征或评判，③道德人格则是对道德主体资格的表征；另一方面，道德人格不是空洞的含义，而是来源于每个人的现实的关系，存在于每一个个体、民族身上，因此，道德人格是个体内化社会道德的结果；此外，人格总是自我的展现，是人的真实的自我，道德人格也是一种稳定、完整的精神自我。综上，本书认为，道德人格是道德主体资格的表征，是人们在道德实践和生活中形成的道德个性，是人稳定、完整的精神自我。道德主体的资格是表明人和动物相区别的伦理学规定，道德个性是体现为道德品质和道德境界；人稳定、整体的精神自我指出了道德人格最终的归宿。具体说来：

首先，道德人格是人主体性资格的伦理学表征，体现了人区别于动物的尊严。

格是标准，人格也就是探讨做人的标准，也就是人何以为人，人的本质规定性，这是人与动物相区别的标志。哲学从人的生存出发，立足于人的类

① 彭升，彭放珍，曾金山．道德人格内涵新析，《现代大学教育》，2003 年第 2 期。

② 同上。

③ 余枫潇．《哲学人格》，长春：吉林教育出版社，1998 年，第 8 页。

特性，认为主体性是人之为人的资格。只有具有自主性、能动性、创造性和自为性的个体才能称之为人。哲学人格为道德人格提供人之存在的本体论前提。“道德人格、心理人格、法律人格，实际上不过是对活动主体资格的伦理学、心理学或者法学的表征或者评判。”[①] 从伦理学上确立人之为人的资格就成了道德人格。这样道德人格就是道德主体性的资格。只有那些在生活中自觉遵守道德规范、自主维护和保持人格尊严的人才是道德主体，才是区别于动物的真正的人，才有道德人格。如果一个人的言行完全不符合道德规范、超越伦理，品行恶劣，我们就说这个人不是人，即不具备道德人格，也就不是道德意义上的主体。中国传统伦理思想就指出是否有仁义是人之为人的资格的表现。孟子指出：“人之所以异于禽兽者几希，庶民去之，君子存之。舜明于庶物，察于人伦，由仁义行，非行仁义也。”（《孟子·离娄下》）仁、义是人和动物相区别的标志。西方思想史上对人何以为人也做了思考。苏格拉底认为“未经审查的人生不值得过”，指出应该用理性和智慧来引导我们的生活；亚里士多德认为幸福是最高的善，是至善，是人生活的目的。人的幸福不在于感觉的满足，而在于人所特有的理性活动，这种特有的活动就是合乎德性的生活，这是人区别于动物，人所特有的活动。可见中西方对人的道德主体性资格都有论述。

从历史起源上看，人类的出现就意味着人格的确立，劳动过程确立了人的主动性、能动性、自为性等人格特征，确立了人的主体性资格。同时也确立了人的道德主体资格。劳动是生产力和生产关系的统一。一方面是人们使用工具改造自然界，形成了人与自然的关系即生产力；另一方面劳动过程中形成了相互依赖、相互协作的关系即生产关系。人类在生产过程中所形成的

① 袁贵仁．试论人格，《北京师范大学学报》，1993年第5期。

关系是“不通过人们的意识而形成的社会关系”[①]，这表明社会关系是客观的，不以人们的意志为转移。而社会关系是渗透着“应该”的关系，并且是人们意识到的关系。此时就成了伦理关系。伦理关系是客观关系和主观意识的统一。这种“应该如何”的意识就是道德主体性的表现，此时人成为自为的人。伦理关系作为“为我”存在的关系，这是人与动物相互区别的重要标志。马克思说：“凡是有某种关系存在的地方，这种关系都是为我而存在的；动物不对什么东西发生‘关系’，而且根本没有‘关系’。”[②]为我的存在即表示伦理关系是人意识到自己应该怎样，个体超越有限的存在，“同时发现自我与周围世界的无限联系”从而使得个体超越自身狭隘的物质需求、而走向精神需要，从而形成一种规范意识。此时人有一定的善恶意识和意志，是真正的道德主体，此时才是真正的道德人格。而只有形成了道德人格才真正体现了人的道德主体性，实现人之为人的规定性。因此，在伦理上只有遵守了道德规范才获得道德主体的资格，才有道德人格。道德人格是人的道德主体性的资格，是人区别于动物的根本表征。

这也可以从中国传统的心理中得到启示。在中国人的心理中，“脸”就是一种道德人格，成为一个人就不能“不要脸”。胡先缙先生认为：“‘脸’是社会对个体道德声誉的尊敬，……它代表了社会对自我的道德性格的完全信任，丧失了脸，一个人在社会上很难生活的。”[③]在中国人的心理中，不讲道德是一件很丢脸的事情。“脸”是一种道德底线，任何时候都不能丧失。“丢脸”既不为其他人所容许，也为自己所不耻。而脸又和礼联系在一起，只有符合“礼”的要求和身份才能维护其脸面。“一个人不顾面子是不可思议的事，如不顾自己的面子，几乎是无耻的；如不顾他人的面子，则可以

①《列宁选集》，第 1 卷，北京：人民出版社，1995 年，第 8 页。

②《马克思恩格斯选集》第 1 卷，北京：人民出版社，1995 年，第 81 页。

③ 杨国枢 .《中国人的心理》，南京：江苏教育出版社，2006 年，第 260 页。

说是‘无礼’的。”[①]因此，在中国脸面代表了一种个体对规范、礼仪的自觉遵守。脸面，这个西方人格的词源，在中国指道德人格，可见人类的文化之间有惊人的相似。

康德指出，自然赋予人的生命是短暂的，作为自然体的人，出自自然必将回归自然。与此相反，人心中的道德“通过我的人格无限地提升我作为理智存在者的价值，在这个人格里面道德发展向我展现了一种独立于动物性、甚至独立于整个感性世界的生命”[②]，这指出了作为道德人格是人的独特主体性的表现。

其次，道德人格是个体对道德准则和规范内化形成的道德个性。

道德人格是人之为人的存在方式，是人区别于动物的伦理学表征，是从类的角度对道德人格的定义。从现实看，每一个人有自己的道德人格，或慷慨、友善、正义、乐于助人，或者吝啬、自私自利、损人利己等。社会呈现出纷繁复杂的人格现象，这些是人道德个性的体现。道德个性是指道德行为主体的个体的道德意识（道德理想、信念、情感、意志）与道德行为的整合统一。[③]道德个性是个体和社会的统一。道德规范的载体是现实的人，现实的人是道德行为的承担者，在履行道德规范时总是带有自己的个性特征，总是有自己的意志、自己的想法、自己的感情等，就成了道德个性。当然道德个性是在社会生活中形成的，是个体在社会实践中内化社会道德准则和道德规范形成的。马克思说：“特殊人格的本质，不是他的胡子、他的血液、他的抽象的肉体，而是他的社会特质。”[④]道德人格的形成来源于社会道德原则和规范。社会道德原则和规范是先于个人而存在的客观事实，这是个体安身立命的基

①杨国枢.《中国人的心理》，南京：江苏教育出版社，2006年，第258页。
②[德]康德.《实践理论批判》，韩水法译，北京；商务印书馆，1995年，第95页。
③高兆明.《存在与自由：伦理学引论》，南京：南京师范大学出版社，2004年，第233页。
④《马克思恩格斯全集》，第3卷，北京：人民出版社，2002年，第29页。

础。个体要在社会中生存就必须进行道德选择，进行道德内化。但是不同的人有不同的经历，对道德规范选择、吸收、内化的内容不同，内化的过程也不同，最后形成了形形色色的道德个性。这种道德个性体现在个体道德气质和道德境界的差别。道德气质是个体在道德认识和行为中表现出来的道德价值观、道德态度等，比如慷慨、吝啬、谨慎、勇敢、慈爱、胆怯等道德个性。道德境界是人在处理个人与他人的关系形成的一定的道德觉悟水平。需要以利益为基础，人需要的满足是在社会中实现的，这样就发生了人和社会的关系，个人在处理社会关系的过程中形成了不同的道德境界。表现在：自私自利的境界、大公无私的境界、先人后私的境界。自私自利的境界是以获取自己的私利为行为的出发点和目的，社会是其获得私利的手段和工具。这在思想上表现为“自私自利”和“金钱万能”等的观念，这是私有制条件下的产物和表现。先公后私的境界是指在处理个人和社会关系时能够做到正确处理个人和国家社会的关系，当个人利益和全体利益出现矛盾时能够将国家利益、集体利益放在个人利益之上，这是一种正确处理了个人和社会关系基础之上的道德境界，也是现在绝大多数人能够达到的道德境界。大公无私则是共产主义道德人格的体现，这种境界的人“一切言行，都能以是否有利于集体为唯一准则”[①]。这是一种理想道德人格，是个人价值的真正实现，是现阶段少数人能够达到的境界，是道德人格的未来目标。这种道德境界水平的高低根本取决于个体对现实道德规范选择和内化。

道德个性的形成最根本于社会。在一个社会中不存在单一的道德规范，而存在性质各异的规范，一般说来有顺应社会发展的、为社会所提倡的道德规范；有过时了的与社会发展相违背的道德规范，这样个体在选择的时候在性质上就会出现差异，个体能否选择适应社会发展的，社会主流的道德规范

①《罗国杰自选集》，北京：中国人民大学出版社，2007 年，第 116 页。

就决定了个体道德境界的高低，如选择顺应社会发展、为社会所提倡的道德规范形成了先进的道德人格，反之则形成了落后的道德人格。

最后，道德人格是一种社会自我和精神自我的统一体。

人格大师阿尔伯特认为："人格就是一个人真正是什么。"①

人格总是对真实自我的规定。自我是什么？美国思想家詹姆斯曾经将"自我"区分为社会自我、物质自我和精神自我。他认为，人格不是指人的物质、肉体或生理自我，而是人在长期的、具有连续性的一系列行为中表现出来的思想自我或者心理自我。人格当然包括生理自我，它是其他社会自我和精神自我的载体。但人格的本质不是人的物质肉体自我，如"狼孩"空有人的身体和生理，但没有社会意识，没有思想观念，是没有人格的，也没有自我。道德人格体现的人是社会自我和精神自我的统一。社会自我是指处于社会关系的我，如我作为孩子、作为学生、作为一个职员等。马克思说过："人的本质，在其现实性上是社会关系的总和"，社会性是人的本质属性，这个社会我是由社会的规范、社会的角色等来规定的，规范先于我们存在，也是我们不能选择的，作为一个社会人，我们就需依此行动，适应社会从而形成社会自我。精神自我即心理上的我。钱穆先生认为精神我是指"内心所自觉其有之我"②，这种精神自我就是心理自我，来自人的内心。完全由内心而发起的自我是真我。这种精神自我"并非是我的动物性欲望，而且独立于我的一切社会关系之外。这一种力量，生于我之本质中，独立存在，而形成了我之尊严"③。道德并不是对人的约束，而是人自我发展的内在要求，是康德所说的"自我立法"，是自我的本质体现。中国传统哲学认为，道是主动的流露。孟子说："由仁义行，非行仁义也。"（《孟子·离娄下》）行仁义不算真正有道德，

① 陈仲庚，张雨新.《人格心理学》，沈阳：辽宁出版社，1986年，第45页。
② 钱穆.《人生十论》，桂林：广西师范大学出版社，2004年，第68页。
③ 钱穆.《人生十论》，桂林：广西师范大学出版社，2004年，第71页。

因为这是社会关系的规定，我行仁义，是出于社会关系，而不是出于内心。只有仁义行，将仁义作为自我的组成部分，我的行为只是内在于我的仁义的自然流露而已，达到“随心所欲不逾矩”的道德境界。包尔生也认为“特意计划的道德品格很容易带上某种‘故意性’——在我们把它跟自然的气质相比较时，对它会产生一种反感。……义务的感情可能防止了世界上的许多恶产生，但美好和善良的东西却不是从义务的感情萌生的，而是从心灵的生气勃勃的冲动中萌生的。”[①] 这种从心灵中萌生的体现了人的真实本性的流露，是人的真实自我。这种精神自我表现在人的反省、内疚、悔悟、罪恶感、选择、评价等活动中，体现了真实的自我。而这种精神自我是个体同一性的源泉，是道德行为发生的决定因素。

社会自我和精神自我是统一的。精神自我的基础是社会自我，是以社会自我为内容的，是对社会自我的反思、评价等活动；精神自我是社会自我的前提，没有个体的精神自我存在，社会自我也无法形成。

1.2.2 道德人格的特征

（1）意志自由性

意志自由是人们摆脱外在约束的能力和状态，是人们具有的对客观必然性认识的基础上自由选择、自主决定的能力。意志自由是道德人格形成的前提条件和确立的根本标志。关于意志自由的地位和作用，中西方都有重要的论述。“志”在中国传统文化中有表达意志自由的意思。孔子说：“三军可夺帅也，匹夫不可夺志也”（《论语·子罕》），说明了个体意志的独立性和不可违抗性。

孟子对于志的诠释是：“夫志，气之帅也：气，体之充也。夫志至焉，

①[德]包尔生.《伦理学体系》，何怀宏等译，北京：中国社会科学出版社，1988 年，第 303-304 页。

气次焉。故曰：持其志，无暴其气。”（《孟子·公孙丑上》）志是气的统帅，气充塞全身，而志指向哪里，气就冲向哪里。可见，志对人行为的指导作用。荀子也充分肯定了人的意志自由。他说：“心者形之君也，而神明之主也，出令而无所受令，自禁也，自使也；自夺也，自取也；自行也，自止也。故口可劫而使墨云，形可劫而使诎伸，心不可劫而使易意。是之则受，非之则辞。故曰：心容，其择也无禁，必自见。”（《荀子·解蔽》）荀子在这里指出了心的主导作用，主要是通过对身的主宰，即对意志、情感的主宰。心同时是自主的意志，能够自由选择，能够“自禁”（自我约束）、“自使”（自我做决定）、“自夺”（自我定夺）、“自取”（自我选择）、“自行”（自己行动）、“自止”（自己停止），可以看出个体意志的自由选择性。恩格斯也说过：“如果不谈谈所谓自由意志、人的责任、必然和自由的关系等问题，就不能很好地讨论道德和法的问题”[①]，德国思想家黑格尔也认为：“道德的意志，是他人不能过问的”，指出了意志自由对个体道德的必要性，是道德行为的基础，也是道德人格形成的基础。个体只有具有自由意志，才能自主自觉地对善恶、道德行为和不道德行为进行选择，才能承担自己的道德责任，成就道德人格。如果个体是不自主的、不独立的，人也就没有为自己行为承担责任的能力，道德人格无从谈起。

（2）共性和个性统一

道德人格的共性是指某一个群体或者某一时期道德人格有共同的特点。马克思在评价无产阶级时，说无产阶级是最富有组织纪律性、大公无私的阶级。这是道德人格的共性。人格总是每一个人特有而不为别人所有的基本精神面貌，因此，独特的个性是人格的一个重要特点。道德人格也是如此，每一个人都有自己独特的道德人格，正如世界上没有两片相同的树叶，世界上

①《马克思恩格斯全集》，第 20 卷，北京：人民出版社，1971 年，第 124 页。

没有两个完全相同的道德人格，这体现了道德人格的多样性。共性和个性是统一的。首先，二者都是在社会化的过程中形成的。一方面，个体自我是社会化的客体，人是在一定的社会文化背景和道德生活实践中被塑造的。相同的文化环境塑造出相同的人格形态，因此，共同的生活环境背景塑造了共同的人格类型。另一方面，个人是道德人格的主体，是人自己发展自己、改造自己、完善自己的结果，因此，不同个体往往形成不同道德人格。具体说来：第一，现实生活中存在着利益、地位、民族、阶层等多元主体，因此，不同的主体必然形成不同道德人格；第二，生活在相同的社会环境的人由于自己的认知、态度、价值观、自己的修养程度都呈现出明显的个人色彩，个体道德人格必然是相异的；第三，每一个人由于特定的关系不同，相交往的对象不同、境遇不同、成长环境不同等也会导致道德人格呈现出复杂、多彩的个性。道德人格的共性和个性是统一的。共性是相对的，个性是绝对的。共性体现在个性身上，研究道德人的共性需要从个性入手，通过对个性的研究可以归纳出人格的本质和规律。个性也将共性包含在自己身上，我们可以通过这些本质规律的东西来研究具体的人格。

（3）他律性和自律性的统一

道德人格的他律性有两个含义：一是指个体道德人格的内容是以当时社会道德规范、道德准则为内容的，个体道德人格是将外在规范、规则内化的结果。因为，相对于个人来说，规范是先于每一个个体而存在的，是不以人的意志为转移的客观存在，我们出生时就面临着一个规范和规则的世界。每一个人只能内化当时社会道德规范，形成与当时相适应的道德人格，而不能超越时代。如中国古代君子人格即形成了“仁、智、勇”三个德目，是与当时社会结构相适应的；现代提出了“有本领、有理想、有担当”时代新人的标准。二是指在个体道德人格处于他律阶段。道德人格的形成是一个漫长发展过程，是从他律到自律再到自由的过程。道德人格的他律阶段是指道德人格对人的行为具有约束作用还没有转化成人的内心，人们依靠的是规则约束，而不是主体的认同来遵守道德规范，此时，道德规范是对个体的外在的约束，人们对其遵守还是一种被迫的而非自觉自愿的行为。道德自律不同于他律，它是指个体形成了道德良心。此时，道德主体在对客观规律和现实生活条件认识的基础上，主动自觉地认同社会规范，并且结合自己的需要，变被动服从规则为主动服从规则，变外部的道德要求为自我的道德良心，能够在任何时候都按照道德的要求行动，达到“从心所欲不逾矩”的境界。这是道德人格的真正实现。他律阶段，道德规范是外在于个人的，而在自律阶段，个体真正将道德作为自身素质的一部分，成为自己人格的一部分。此时，道德人格不是被动服从，而是将道德作为自己的需要，主动认同道德规范并且能够在特定情境中具体把握普遍规范的作用条件，扬弃规范相对于自身的外在性和异己性，道德真正内化为成为精神自我，是自我的一部分时，道德真正是“自我立法”，这就达到了道德自律。这也是道德人格的最终实现。

道德人格的自律和他律是不可分离的，是统一的。首先，道德人格的自律性是以道德人格的他律性为基础。可以说，自律性无他律性则盲，他律性为自律性则空。其次，道德人格的他律性需要上升到道德人格的自律性。道德人格的他律性是低水平的，从个体道德发展来看，随着个体自我意识的增长和道德经验的增长，道德人格也需要从他律上升到自律，达到较高的水平。

大思想家孔子将自己的道德人格发展描述为：“吾十有五而志于学，三十而立，四十而不惑，五十而知天命，六十而耳顺，七十而从心所欲，不逾矩。”（《论语·为政》）这指出了达到道德自由阶段是一个过程，是一个从他律到自律的过程，到了 70 岁才达到了道德自由阶段。“从心所欲不逾矩”的道德人格就体现了自律和他律的统一。“不逾距”说明道德人格受外在规范约束，而“从心所欲”则说明这种规范已经进入内心，成了自律，是已经认识到客观规律之后内化为自己人格的一部分，而所欲，但是又不逾矩。这就将社会客观性纳入了自己的主观性之中，或者说此时“主观性包含客观性的法”（黑格尔）。

（4）道德自我同一性

自我同一性是（ego identity）是人格心理学家埃里克·埃里克森第一个提出的概念。他认为青少年人格发展的最大的障碍是能否建立自我同一性。自我同一性是“一种关于自己是谁，要朝向哪个方向发展，以及社会上何处适合自己等坚定的、一贯的认识”[①]。是对现在是哪种我，以及我应该成为哪种我的认识。中国学者张日昇（1993）认为，自我同一性包括两个层面：一是对自我一致性的感受和认识，二是社会的自我，是在对自己所处的社会角色的认同基础上形成的社会自我。如“我是中国人”“我是某大学的学生”等的意识和自我像。可见，心理学上的自我同一性是关于自我独特性的认识，自我的时空同一性的认同、个体整体和谐感及对所属群体的价值的认同。自我同一性是人格发展的一个重要阶段和人格发展水平的重要标志。这同样适合于道德人格。自我同一性是指个体对自己道德上成为一个什么样的人的认识、自己在时空上保持道德人格的稳定性的意识等。道德人格具有自我同一性，表现在：一是个体对自己社会本质的保持，个体能够认识到自己的社会本质，在任何时候都自觉认识并承担起对他人和社会的责任。个体道德责任意识是道德人格的基础，有没有责任意识是有没有道德人格最起码的条件，体现着人和动物的区别。二是个体始终对自己的角色责任有明确的意识。人是社会关系的产物，个体在社会关系中承担多种多样的角色，角色规定了个体的职责和义务。个体能够认识到自己的角色责任并且自觉承担这一责任，

①[美]戴维·谢弗.《社会性与人格发展》，陈会昌等译，北京：人民邮电出版社，第197页。

做到角色责任的不混乱。如个体在工作上的角色是公务员，在家庭是父亲两个角色。在工作中公务员要为人民服务，如果通过权力为家人谋利益，就是角色责任混乱。三是道德人格系统的和谐。道德人格整体是一个系统。和谐的道德人格是知行统一、情感和意志的统一。因此，这种道德人格能够做到表里如一、具有良好丰富的情感如正义感、具有坚强的意志和坚定的道德信念和对自己理想始终如一的坚持，其人格表现为一个和谐的状态。四是对道德人格的时空同一性的认同。即对自己道德人格现在、过去和未来的心理上的认同和肯定。自我同一性表现在对过去人格的肯定和接纳和对未来理想人格的坚守。“他们自始至终就完全是他所愿望和要实现的那种人物”[①]，保持自己本真性的自我。

（5）主体完整性

道德人格的主体完整性是指道德人格是一个系统，在这个系统里，道德人格的各个部分、各种成分是一个有机的整体，相互联系，不可分割。人格是一个整体。道德人格的主体完整性表现在：首先，从心理结构上看，道德认知、道德情感、道德意志、道德信念和道德行为习惯是一个完整的统一体。道德人格不仅仅体现在正确的道德认知上，而且表现在丰富的道德情感、坚强的道德意志、坚定的道德信念和良好的道德行为上。这几个方面相互联系、相互作用、协调一致，形成一个统一完整的系统。其次，道德人格的主体完整性还表现在道德价值观、道德态度、道德习惯和道德理想的统一。例如慷慨的道德人格是行为的大方，并且在道德认知上是明确的，我们不会认为一个挥霍的人是慷慨的。因为这种行为虽有慷慨的外表却没有慷慨的实质，也就是在对慷慨的认知上是有缺陷的。道德人格还包括内在和外在的统一，道

①[德]黑格尔.《美学》，第3卷（下），朱光潜译，北京：商务印书馆，1996年，第309页。

德人格不仅仅是内在的德性品质，还有外在的行为和举止面貌。中国对君子人格的描述中指出："文质彬彬，然后君子""君子义以为质，礼以行之，孙以出之，信以成之"（《论语·卫灵公》）。指出了君子是内心以"仁"为根本同时外在行为也完全合乎"礼"，也就是说，仁和礼在君子的实践中是不能分开的，君子是内在和外在行为方面完全合乎"礼"的人，是一个整体。

（6）稳定性和发展性的统一

道德人格一个重要的特点是具有稳定性，道德人格最终表现为个人的习惯、性情，具有稳定性。黑格尔也说：一个人做了一件合乎伦理的事，还不能说是有德的，只有当这种行为成为性格中的一部分时才是有德的。因此，我们对不同的人可以有不同的人格期待。如对守信的人往往会信任他的诺言，但对于一个不诚实的人我们往往对他的信任打折扣。这正是因为道德人格具有稳定性。"江山易改本性难移"也说明了道德人格具有稳定性，此时道德规范成为个人的意志准则，任何"利益、爱好"都不能改变个体的道德行为选择。

道德人格的发展性是指道德人格的可塑性，是指道德人格是在主客观条件下发展起来的，又在这个过程中发生变化，因此，道德人格也是具有发展性的。伴随着个体自我意识的发展，个体道德人格也随之发展。以科尔伯格为代表的社会认知学派，根据人的思维能力的发展，将个体道德人格的发展分为三阶段六个水平。并且道德人格是一个贯穿一生、永无止境的发展过程。

（7）道德人格的层次性

一个社会的道德原则及规范有不同的层次，有不同的要求，这种道德规范和要求为个体道德人格的层次性提供了基础；同时由于个人的价值观和修养的功夫不同，人与人之间就会呈现出高低层次，甚至还会出现有无的差别。比如在现阶段，根据公私的关系，就存在损公肥私、公私兼顾、先公后私、大公无私等从低到高的人格层次。这种层次性也是伴随着个体发展的阶段而呈现出他律、自律、自由从低到高的层次。

与其他人格相比，道德人格不但有高低之分，而且还有有无之别。法律人格、社会人格和哲学人格都是不可失去的人格，而道德人格是可以失去的人格。在现代法学看来，人格权建立在人的理性基础上的抽象、与生俱来的权利，无论个体贫富、种族、地位、美丑、品德高低等，在法律上，都有平等的人格权，都受到法律的保护；而哲学人格是从人类角度探讨人格的存在，是不以人的意志为转移的人格；对于社会人格来说，只要是健全的社会人（除去精神病患者和刚出生的婴儿）都需要适应社会，因此，社会人格也是不容易失去的。而道德人格是人们长期自我养成的结果，由于个人认知、情感修养等的差异，各个人的道德人格的水平是有差异的，就有了高下、优劣之分。如在古代有君子和小人之分，现代有大公无私的人和自私自利的人之分。有些人在成长过程中，置社会规范于不顾、泯灭良知，丧失了人的社会性本质，而被人称为“禽兽不如”，这就是道德人格丧失的表现。

（8）道德人格的矛盾性

道德人格的矛盾性是指个体身上表现出善和恶两种相互矛盾的人格特点。如平时品行端正的人，在私生活方面却令人瞠目，而那些平时看起来不务正业之人，在关键时刻能够挺身而出，做出惊人之举。“善与恶的因素，或者更正确些说，个人和社会的因素，是交织在我们的心理之中的。”[①]道德人格的矛盾性来自人的存在的矛盾性。首先，人是个性和社会性的统一。一方面，人作为个体存在物，有自己的利益和需求，否则人就不能生存发展。另一方面，人也有社会性，是社会共同利益的实现者，共同利益的实现需要个体遵守社会规范，维护公共利益。二者在本质上是统一的，但是在现实中由于个体利益的复杂性可能出现矛盾，个体容易局限在自己的个人的利益之

① 刘再复.《性格组合论》，上海：上海文艺出版社，1986 年，第 62 页。

中而做出有损公共利益的事情。其次，从人性本身来说，人是肉体性和精神性的统一，情感和理性的统一存在。宗教学家霍金认为，就单个自我来说，人是肉体和灵魂的存在，灵和肉的矛盾构成了自我的内在矛盾。[①]

自私的欲望和崇高的精神在人身上矛盾地存在着，从而表现出人格的矛盾性；最后，道德人格的理想性和现实性的矛盾。道德人格是应然的人格要求，但个体现实道德人格总是受个体的情欲、社会的不良环境氛围所感染而导致将道德人格弃之不顾，因此，道德人格表现为一定的矛盾性，这种矛盾的相互作用，推动着道德人格的前进发展。

① 万俊人.《现代西方伦理思想史》，北京：中国人民大学出版社，2011 年，第 710 页。

第2章　道德人格的形成

道德人格的形成是一个重要的理论问题。这个问题是从理论上探讨道德人格形成的人性基础，探索道德何以是我们的存在方式，成为我们人格的一部分；探索道德人格的影响因素和形成过程，为我们进行道德人格培育提供理论支撑。

2.1 道德人格形成的人性基础

人性是人区别于动物的本性。道德的主体是人，人是道德的承载者。“人性是道德的精神渊薮和根源。”[①]“人格是人性的现实规定性的集合。”[②]人格以人性的存在为前提，脱离人性的人格是不存在的。人性通过特殊人格获得存在的现实性。

2.1.1 人性二重性是道德人格形成的内在必然

关于人性与道德的关系的考察，中西方都有较多的论述。在中国历史上，有孟子的性善论。他认为：“恻隐之心，仁之端也；羞恶之心，义之端也；辞让之心，礼之端也；是非之心，智之端也……凡有四端于我者，知皆扩而充之矣，若火之始然，泉之始达。”（《孟子·公孙丑上》）这四端表明了人成就道德人格的必然性，人性中内在有道德的规定性，我们在实际生活中扩充发展，就能像火一样迸发，像泉水一样流出。这指出成就道德人格不是

① 曾钊新.《人性论》，长沙：中南工业大学出版社，1988年，第157页。

② 江畅.《德性论》，北京：人民出版社，2011年，第120页。

外部强加给的，人性中有道德的萌芽，只需要将其扩展和培养。荀子是性恶论的代表，他认为人的自然属性是人的本性，“人生而有欲”，是恶的。正是这种欲望和物质的有限性，使道德出现成为必然。他说：“人生而有欲，欲而不得，则不能无求，求而无度量分界，则不能无争。争则乱，乱则穷。先王恶其乱也，故制礼义以分之，以养人之欲，给人以求。使欲不穷乎物，物必不屈于欲，两者相持而长，是礼之所起也。”（《荀子·礼论》）这里，荀子指出了道德来自无限的欲望与有限的财富之间的矛盾，为了维持社会秩序，制作礼义规范，道德人格是因社会法制礼义的约束而形成的。中庸中说，“天命之谓性”，也就是人性的规定来自天命。后来，将人性与天命相连，使得道德人格的形成获得了宇宙本体论的依据。朱熹认为：“天以阴阳五行化生万物，气以成形，而理亦赋焉，犹命令也。”（《中庸章句》），意思是按照天理行事就遵循了人的本性。“性即理也”。认为人性就是“五常”，对道德规范的遵守是人性的必然。

西方对人性与道德关系的考察也异彩纷呈。古希腊哲学家亚里士多德认为，人的灵魂具有营养功能、感觉功能和理性的思辨功能。而人区别于其他动物在于人有理性。理性思辨功能是人别于其他生物的特有功能。因此，人应该遵循理性指导过一种理性的生活，这才是人最合乎德性的幸福生活。德国哲学家康德则认为，人的道德来源于人的先天理性，他认为人的本质是理性存在物，理性的独特特性是意志自由，即能够按照道德的自律法则来行动，道德来源于人的理性，使得人成为目的，具有尊严和自在价值。当然西方还有人认为道德不是来源于人的理性，而是来源于人的感性或者情感，这就是情感主义伦理学家的思想，代表人物是沙伯茨伯利、哈奇森和休谟等。沙伯茨伯利认为人性中既有利己的情感也有利他的情感，人有先天能够识别善恶的内在感官。哈奇森认为善恶来自人的道德感。休谟则用自然主义的归纳法和心理分析方法来研究人性。他认为不是理性而是感性是道德的来源，道德来源于人的同情心。“人性中任何性质在它的本身和它的结果两方面都最引人注目的，就是我们所有的同情别人的那种倾向。”[①] 也就是我们能乐他人之乐，哀他人之哀。道德善恶的区分来自道德感。这种道德感是指人的苦乐感或者共同利益感。他认为能够给社会带来利益的就是善的行为。人性或者是理性的或者是感性的，但都规定了人性的道德性，指出了道德人格形成的人性论依据。

（2）马克思主义的人性观与道德人格形成的必然性

上述都将道德与人性相联系，但是对人性和道德关系的观点是不科学的。是一种抽象人性论。他们或者将人的需要、欲望人性的某些特征直观、片面地概括为人性，直接推导出人的道德，这样道德是先验论的。因此，抽象人性的观点，并不能解决道德何以而来问题。他们撇开了历史的进程 ，只是假定一个孤立的人类个体，而没有从具体历史的角度来理解人性。马克思运用历史唯物主义方法找到了解答人性和道德关系问题的科学方法。他指出我们和动物的根本区别在于物质生产。历史唯物主义认为，人性是植根于人的物质生活的，道德来源于人的客观需要，这样，科学解答了道德与人性的关系问题。

唯物史观认为，人类历史的第一个前提是生产物质生活本身。在这个过程中，人获得了自己的人性。人性是自然存在物和社会存在物的统一。第一，人是自然存在物。人来自自然界，脱胎于动物，不管他是怎么样，人仍然是“自然的、肉体的、感性的、对象性的存在物，和动植物一样”[②]。因此，人是具有自然需要的个体存在物。每一个人有自己独特的需要和利益，这是个体生存的基础。第二，人还是一种社会存在物。在《劳动在从猿到人的转变过

①[英]休谟.《人性论》，关文运译，北京：商务印书馆，2010年，第352页。

②《马克思恩格斯全集》，第42卷，北京：人民出版社，1979年，第167页。

程的作用》中，恩格斯指出了通过实践、创造了人本身，劳动不仅改进创造了人的大脑、双手、语言等人所特有的器官和技能，而且创造了人的各种社会关系及人的社会本质。在恩格斯看来，劳动既创造了人，也创造了生产关系，个体人的诞生和社会人的诞生是同一个过程。而“人的本质不是单个人所固有的抽象物，在其现实性上，是一切社会关系的综合”[①]。个人和社会是统一的。一方面，个人离不开社会而存在，个人离开了社会，就不能称其为人，历史上出现的“狼孩”就是明证；另一方面，社会是由个人组成的，没有无个人的社会。

人性的两重性决定了人的需要或者利益的两重性。作为个体存在物，每一个人有自己的需要和利益，这是保证个体存在的基础。“一切人类生存的第一个前提……：人们为了能够‘创造历史’，必须能够生活。……物质生活本身。”[②] 但个人并不能满足自身的需要，需要在社会中来实现。社会提供了个体生存和发展的条件和手段。因此，社会的存在和发展也是个体一种客观的需要和利益，否则个体自我利益就无法达成。因此，个人利益和社会利益在根本上是统一的。一方面个人利益是社会利益的来源和动力，社会并没有自己特殊的利益，他的利益内容来自个人的利益。同时个体对自己利益的追求，促进了社会利益增长，个人利益是社会利益的动力和源泉。另一方面，社会利益是个体利益实现的前提和基础。对个人来说，个人利益的内容、实现程度、实现方式都是社会提供的，也是社会利益决定的。对社会利益的维护，其实与每一个人的个体利益是息息相关的。但由于社会利益表现为长远的、普遍的、全局的利益，而个人利益则表现为个体的、眼前的、当下的利益。“个人利益和社会利益就会发生矛盾，哪里有冲突，哪里就会有道德

①《马克思恩格斯选集》，第 1 卷，北京：人民出版社，1995 年，第 60 页。
②《马克思恩格斯全集》，第 3 卷，北京：人民出版社，1960 年，第 31 页。

问题的发生。”[①]这样就需要规范进行调节，这也是社会和个人共同的利益。道德能够调节人与人之间、人与社会之间的矛盾冲突，为个人利益的实现提供了保障，是社会共同利益的维护，这样道德实现了个人利益和社会利益的统一，实现了双赢。因此，对个体人性来说，道德是人性的客观需要，这就决定了人性之中有一种道德性，这是道德人格存在的根本的、客观的根据。

2.1.2 人的主体性是道德人格形成的人性基础

人格是与人的主体性相联系的概念。人格的前提是“我”作为主体的存在，没有个体的主体性就无法谈及人格。人的主体性为道德人格的形成提供人性基础。

主体性是一个重要的哲学概念，在哲学上，主体性是在与客体相互关联中实现的，与客体的被动、消极、盲目、自发相对立，主体性是指人的能动性、创造性和自主性。当然，人的主体性是与人性相连的。人性是主体性的前提，人的自然属性是主体性的动力，而人的社会属性则是主体性形成的基础。主体性是人性更加高级、更加深刻的层次。主体性是人性的升华。人的主体也是道德形成的基础。表现如下。

第一，人是意识存在物。人能意识到自己的社会关系、意识到道德存在的意义，能够进行道德选择和道德评价。同时，人还有自我意识，能够积极主动地对自我进行认识和调节。

第二，人具有内在超越性。人性是现实性和超越性的统一。席勒指出，在人的身上存在两种相反的冲动：一种是“感性冲动”，它使人只能感觉到实践中转瞬即逝的个别的、受他物限制的（有限）的东西，使人“束缚于有限的感性世界”；一是“理性冲动”，它使人从现实中流逝的、个别的东西之中见到和谐、法则（包括认识中判断的法则和实践中意志的法则）与永恒

① 万俊人．人为什么会有道德，《现代哲学》，2003 年第 1 期。

性，使人“通向无限的自由”。（希勒，1984）人既生活在现实的有限的世界中，又生活在追求理想的无限世界中。人对自身有限性的认识和对世界无限性的寻求，最终铸就了人的超越性。超越性是人存在的根本特性之一。马克思也说过，人不仅仅是本然的存在物，人还是应然的存在物。马克思在《政治经济学批判》中指出：“人是双重的存在物，主观上为他们自身而存在着，客观上又存在于自己存在的自然无机条件之中。”①

这指出了人作为实然和应然存在物的本性，一方面作为实然存在物，人的存在需要与周围存在物发生对象性的关系才能实现。因此，人不能超越外部客观条件，人是由这些外部客观条件规定的。此时，人是一种实然存在物。另一方面，人也是应然存在物。人有主观能动性，是一种自为的存在物，这是指人能按照自己的目的，通过能动性的活动创造性的改变周围的环境，超越自己被给定的对象性关系，实现自己应有的目的。道德就是一种应然的行为规范之一，代表着个体自我的价值理想和自我的人生价值目标，体现了人的内在超越性。此时，人将自己立于天地历史之间。海德格尔说，人由“畏”而生的自“烦忙”“烦神”的“沉沦”中抽身与自己的“本真存在”照面。这也是冯友兰所说的进入天地境界。还有孔子的“杀生取义”“富贵于我如浮云”洒脱境界，生命、物质的价值固然高，但人可以超越生命，用自己的理性人格来实现自我的崇高追求。道德人格体现了人是内在超越性的存在。

第三，人有自我实现的主体要求。

人的需要是什么样的，人就是什么样的。“他们的需要既他们的本性”②需要是人活动的内在的动力，而人的需要是一个多层次的、有系统的结构。现代人本主义心理学家马斯洛提出了人的需要层次理论，认为人的需要是分

①《马克思恩格斯全集》，第 46 卷，北京：人民出版社，1992 年，第 441 页。

②《马克思恩格斯全集》第三卷，北京：人民出版社，1960 年，第 514 页。

层次的，由低到高分为五个层次，依次是：生理的需要、安全的需要、归属和爱的需要、自尊的需要、自我实现的需要。人只有在满足了较低层次的需要之后，才能向较高层次发展。当然，更常见的是这几个需要是在一个人身上的，而且人与人的需要是有差别的，有些人对精神的追求多点，有些人可能要少点。在这些需要中，生理和安全的需要是人与所有生命体共同的需要；而对归属、爱和友谊的需要是一种高层次的精神价值的需要，体现人的伦理价值取向；第四层次即对人的尊严追求是更为纯粹的精神力量，是对美德和人格信仰的追求。最后一个是自我实现的满足，这是人追求自我价值的完满实现，是人最根本、最完整和最深刻的心理和精神需求，是人生的最高层次，是人性能达到的最理想的状态。健康的人在满足了基本需要之后，就会产生自我实现的愿望。这是一种充分发展自己的潜能、充分认识自我本性，实现身心和谐的一种需要。自我实现的需要是一个人要求有尊严地生活，发掘潜能的愿望，只有当人自我实现之后，才会有完善真实的自我，发掘人性的潜力，展现人性的魅力。马斯洛曾指出，从人的天性中可以看出，人类总是不断地寻求一个更加真实的自我，追求更加完美的自我实现。道德是人的尊严和价值的重要方面，是自己高层次的精神追求，是人自我实现的重要组成部分，因此，道德人格是人的自我实现的主体要求。

第四，道德是个体对自身终极生存方式的本体论追问。

宇宙是一个秩序的存在，人也为自己的存在寻找根据和理由，这是对人的终极存在的追问，否则人就只能是浮萍。人与动物不同，人是一种特殊的生命存在。动物本身是确定的，是其所是，只需要根据自己的本能行动；而人不同，人是未完成的。“人的本质是不确定的，人的生活并不遵循一种被事先确定的过程，可以说，自然只完成了人的一半，另一半留给人自己去完成。”[1] 人是未完成的，但自然界赋予人理性。人能通过有目的、有意识的劳动，通过自己创造价值来表现自己的存在，但是外在的价值物并不能给人以存在的意义，就像拥有万贯家财的人可能也会失落，灵魂无所安放一样。人是有意识的存在物，更确切地说，人有自我意识，能够通过对自身存在的理解和反思来确证人存在的内在规定性。人通过对自身在生命互动活动中表现出来的本质力量来确认自身存在的意义，为自己在宇宙中找到确定的位置和存在的支点。

道德正是对“人之为人”的根本性意义的追问，他包含了对自身的幸福、快乐、人格尊严的理解和追求，是人的终极关怀的形式。道德提供给人的终极关怀主要体现为道德信念。这种信念不是一种对外在的神灵的崇拜，而是把生命意义的立足点放在我们自己身上，是对自我理性和理想的确认。道德信念，它充分发挥了人自身的本质力量，使我们在变幻莫测的世界中任何时候都坚守自己的道德职责和道德义务，找到自我的确定性和自足性，成长为一个大写的人；它又体现为绝对性、整体性，我们不能改变世界，但我们能改变对世界的态度。任何时候，任何力量都不能阻止我谨守职责，履行义务，这就是信念，这就是绝对性，同时尽管每一件事情都是有限的、看似是投机事件，过后不留痕迹，但每一件事情因为凝结了自己的职责感、信念，又成了一个无限之中的事件。这些职责、信念将零散的、个别有限的事件凝聚成为个体生命的自我同一性和生命的整体性，其中饱含着意义。也因为这样，个体在有限之中找到了自己无限的存在方式，在碎片的生活中找到了自己生命的意义和价值。

第五，人性具有一种人格意识。

道德人格的形成基础是人格意识，这是道德人格形成的基础。人格意识

①[德]M. 兰德曼.《哲学人类学》，张天乐译，贵阳：贵州人民出版社，1988年，第8页。

是自我意识形成的最高阶段。人有自我意识，自我意识是对自己的认识和评价，是对自己的身心状态、对客观世界的关系的认识。自我意识是人类特有的反映形式。自我意识的形成是在对对象物的认识中形成的，人意识到他人、他物的同时也有了自我意识。自我意识的最高发展就是人格意识，当个体自我意识通过对社会的了解，形成“社会性自我”时，人格意识就形成了。人格意识的生成是一个从自我意识的产生到他人意识，最后达到自我意识和他人意识相统一的过程。

人格意识是人的意识的产物，是人的意识的必然属性，自我意识中的自我既作为意识的主体自身而出现，又作为诸主体间关系枢纽的主体自身。[①]人格意识是个体自我和社会自我的统一。“人格的要义在于，我作为这个人，在一切方面都是被规定的和有限的，毕竟我全然是纯自我相关系；因此，我是在有限之中知道自己某种无限的、普遍的、自由的东西。可见，自我的由己性是人格意识的第一实在，也是人的一切责任与价值追求的内在根据所在。”[②]

一方面人具有自为性，在内在的情欲、冲动和任性方面是自己规定的；我外在的个性特点也是自我规定的，因此，是全然是自我的关系，另一方面，个体将这种自我规定上升到无限的、普遍的、自由的东西。黑格尔讲述了人格的自我性和外在规定性的统一，是在精神领域中的。其实，人格意识的无限性就是包含在自我之中的社会性，人不仅仅具有自我意识而且人还将这种自我意识提升到社会意识，从而自我内在的包含着责任、价值等意识，这就形成了人的道德人格。

① 余潇枫，张彦.《人格之镜——类伦理学引论》，杭州：浙江大学出版社，2006 年，第 93 页。

② 黑格尔.《法哲学原理》，范扬，张企泰译，北京：商务印书馆，1961 年，第 45 页。

2.2 道德人格形成的影响因素

个体道德人格形成的关键是个体对社会道德规范的内化。人生下来带有一种内化道德规范的潜能，同时，社会先在提供了道德内化的内容，个体和社会的相互作用使得道德规范成为个体自身的一部分，形成道德人格。因此，分析道德人格形成的影响因素需要从个体因素和社会因素两个方面进行。当然这两个方面不是孤立的，而是相互联系、相互作用，共同推动着道德人格的实现。

2.2.1 个体要素

个体因素对道德人格的形成是指个体的生理、心理对道德人格的影响。

（1）生理因素

①生理机能是道德人格形成的生理前提

生理机能是道德人格形成的生理基础。从生理结构上看，纵然人和动物很相似，但人的脑部与动物有巨大区别，人脑部的生理机能奠定了人的主体性形成的基础。人的大脑皮层神经细胞的数量和结构的复杂程度要远远超过动物，比如作为表征进化程度重要标志的胼胝体的神经纤维的数量，人类约为两亿到三亿五千万根，而狗只有两千两百万根；人脑左半球分化出许多高度专门化的区域形成人的言语机能，其他高等动物则没有；决定智力基质的人类大脑前额叶组织部位的体积、结构、神经联系的复杂性都大大高于其他动物包括猿类，这决定着人类的智力机能要大大超过其他动物。人大脑的特殊构造及在此基础上形成的第二信号系统即高级神经系统使人在此基础上形成理性能力、情感能力、想象力等心理机能，这些机能将人与动物区分开，使人成为生命发展的高级形态。心理素质的发展也为人意识的发展奠定了基础。伴随着人意识的产生，人能够根据生活的需要，认识到客观存在的道德关系和道德规范，并产生自觉内化这种规范的能力，这就为道德人格的形成奠定了基础。这种素质经过遗传成为人类的特殊素质。没有人的意识、心理等生理机能，个体内化社会规范的载体就不存在，个体道德人格就无从谈起。在生理上畸形的人，尤其是有些生来就不具备正常脑功能的无脑畸形儿，或者由于意外丧失意识功能的植物人，他们产生不了自觉正常的思维和意识，更不用说自我做决定的自由意志，因而无法形成道德人格。

同时，智力水平也对道德人格水平有重要影响。个体没有较高的智力水平就不会产生较高层次的道德需要，就无法将他律的道德规范转化为自律的道德人格。道德人格是以一定的智力水平为基础的。道德认知、判断、推理和评价能力与其智力发展水平有密切关系。而个体道德认知是道德人格形成的基础，皮亚杰在对儿童的研究中表明，儿童对规则的掌握和理解是同他们的智力水平发展相平衡的。[①] 他通过对儿童的实验得出：如果儿童不能区分出装在不同形状瓶子中的同一杯水是相等的，那么他的认知能力就是一维平面的，这种认识能力决定了他不能通过道德判断、进行道德推理进而践履道德，而只能接受来自父母或者权威单方面的道德强制，此时道德人格是他律的水平，层次还比较低。同样，如果儿童不能对心理或者物理的东西做出区分，就无法认识动机、效果，他们的行为就只能处于自发状态，不能上升为自觉自主，因此其道德水平也不高。当然，道德人格与个体智力有关，但并不是绝对的关系，否则就会出现智商越高，道德水平越高的错误判断。因此，后来也有人对皮亚杰的理论进行批评，指出“道德阶段与逻辑阶段在结构上是类似的，但二者是不同的”[②]。

---

① 欧阳文珍 .《品德心理学》，合肥：安徽大学出版社，2005 年，第 85 页。

②L.Kohlberg,Continuities and Dis ontinuities in Childhood an Adult Moral Development, Revisitied In Baltes& Schaies (Eds) ,life-Span Development Psychology:Research and Theory ,New York,Acdemic Press.1973.p12,13-14.

② 遗传因素是反社会道德人格形成的原因

反社会人格是心理学上的一个概念。反社会人格是一种极端的无法爱人、爱控制人、毫无罪恶感的人，“本质上是冷酷无情的”。而且这种人格往往不知道自己是这种人，拒绝为他们所做事的后果负责任，“是一贯的不负责任”。一定程度上，这种人格也是一种道德人格。那什么原因导致了这种反社会的人格。心理学家研究认为遗传因素是反社会人格形成的重要原因。到了 1995 年，研究成果终于得出结论：“8 个反社会病态的征兆与遗传有很大的关系。按照理论上遗传率的高低排列，这些症状包括：‘不遵守社会规范’、‘有攻击倾向’、‘鲁莽’、‘冲动’、‘不偿还债务’、‘经常换工作’、‘从来不遵守一夫一妻制’和‘缺乏悔意’。”[①] 除了“经常换工作”“冲动”这两个症状与道德人格的距离稍远，其他都是道德人格不健全的表现。而对遗传率的反复研究得出一个统计结果：“一个人是否拥有反社会特征在一定程度上是天生的，最多达到 50% 左右。”[②] 同时反社会人格者的大脑皮质在处理情感刺激时和正常人不一样，这种不同可能是神经发展的差异造成的，这种差异有遗传性，而社会文化因素和家庭教养方式仅仅可能会稍微缩小和扩大这种差异。研究认为，具体的影响因素不是单一基因作用的结果，而是大量基因影响的结果。但具体基因如何影响大脑的机能，如何形成脑部机能所引起的行为，心理学界尚未得出明确的结论。当然，这种心理学上的反社会人格是人类个体的一种极端情形，在人类中的比例并不高。

③ 体格、性别和基因等生理因素对道德人格的影响

生理因素对人格的影响在西方已经有不少研究。如身体状况对道德人格有重要的影响。从极端上说，一些体质生病的人往往难当大任，身体强壮

①[美]玛莎·斯托特.《小心，无良是一种病》，陈雅汝译，北京：中信出版社，第 172 页。

②[美]玛莎·斯托特.《小心，无良是一种病》，陈雅汝译，北京：中信出版社，第 173 页。

的人精力更加充沛。体型也对人的道德人格有重要的影响。德国精神病学家 Kretschmer 将个体的体型分为：圆胖型、瘦长型和健壮性。而每一种体形有不同的气质和人格表现。圆胖型的人能形成良好的人际交往关系、乐观务实，能够很好地适应社会；瘦长型的人则相反，不太善交际、孤独沉默、敏感多疑、冷淡固执、自以为是、思虑重；而健壮的人则好斗、精力旺盛、坦率、自信、不愿服输。

此外，道德心理学的研究表明性别对人格也有影响。男性和女性在道德人格的表现上是不同的。吉利根通过调查认为，男性在道德判断上更加关注的是正义伦理，如生命原则等；而女性则更加关注关怀伦理，更加注重人际关怀，如“不要对自己或者别人造成伤害”。而《易经》认为，男为乾、女为坤，男性刚强、进取，成就伟大功绩；而女性则是柔弱，善于主内，人格上更加温婉贤淑。

有些理论将道德人格与人的基因相联系。如亲属选择理论认为：比起远亲或者陌生人，我们更容易对我们的父母、兄弟姐妹和子女表现出无私行为，是因为我们与他们有更多相同的基因。良心是通过基因而设定的机制，这个机制确保我们不会忽略其他和我们拥有相同基因的人。天择理论认为，我们对远亲和陌生人表现出来的良心，是因为天择偏爱能够产生“互惠利他行为”或者“非零和行为”的基因，这些行为包括分工、交友、合作和避免冲突等，这些行为的媒介如感激、同情、良心之类的情感，天择也愿意选择这类情感。

（2）心理因素

心理因素也对道德人格有重要的影响。心理素质主要是指人的气质、性格等因素。

① 气质

气质是人们心理活动的动态性反映，具体表现为人们的心理活动的强度、速度和灵活性等方面。个体的气质结构一般由两个部分组成：一是个体心理活动的速度、节律、强度、可塑性和持久性、稳定性和耐受性等；另一方面是情绪的兴奋性、倾向性等个体气质的情绪表现。[①] 现代心理学常将人们感受的敏感性、反应的敏捷性、情绪的兴奋性、行为的可塑性和心理过程的倾向性等心理特性作为气质类型的基本特征。这些气质特点的不同组合组成了四种基本的类型：多血质气质、忧郁气质、胆汁气质和黏液气质。不同气质的人对相同的道德现象有不同的应对方法和态度，影响个体的道德人格。康德就认为，只有具有忧郁气质和个性的人，才具有深沉人类尊严感和深邃的理论精神。个体道德人格也与个体的气质有密切关系。如多血质气质的人有很高的灵活性、能够适应变化的社会环境，经过教育容易形成集体主义情感、对劳动、学习和工作有积极的态度或者形成轻率、疏忽大意、自我评价过高的人格特点；而胆汁气质的人则直率热情、易于冲动，精力旺盛，容易形成主动性强、热情的人格类型或者形成缺乏自制、急躁、易激动等人格特点，在不良影响下容易形成萎靡、消极和怠惰甚至漠不关心、冷淡顽固等不良品质；忧郁气质的人心思敏感、多愁善感、行动迟缓在正确影响下能够形成温顺坚定富有同情心等人格特点；而在不利条件下可能形成悲观、优柔寡断的性格特点。[②] 黏液气质的人稳重，考虑问题全面；安静，沉默，善于克制自己；善于忍耐。情绪不易外露；注意力稳定而不容易转移，外部动作少而缓慢。心理状态也对道德人格有重要的影响，最极端表现在心理障碍对道德人格影响。历史上一些心理变态的战争狂、杀人狂、他们泯灭的人性后面往往是变态的心理。

② 性格

性格一词来源于希腊文，意思是“记号”“标志”“属性”“特征”。

① 刘金平．个性结构的系统分析，《心理学探索》，1998 年第 4 期。

②http://blog.renren.com/share/261859707/2090486280

后来引申为事物的特性，且被用来标示人物的特性。在心理学上，性格是个体心理特征中的重要方面，是个性中最本质、最核心的部分。它是个体在其现实的稳定态度和习惯性行为方式中表现出来的较为稳定的心理特征。[①]性格和气质都是在社会生活实践中形成的个性心理特征，二者既相互联系又相互区别。与气质相比，性格的社会特征属性较强，而气质则侧重于个体的先天性。有心理学家将气质作为性格的组成部分或性格形成的生理基础，认为气质是性格形成的动态影响因素。如，同样是乐于助人的人，由于在气质上不同从而表现出不同的助人特征。如多血质的人表现为热情奔放、而黏液质的人表现为心细。性格也对气质有重要的掩饰塑造和完善作用。如从事教师职业的人，要培养自己耐心、平和和稳重的性格，这可能会使胆汁质的冲动、易怒、不可遏止的忧郁气质得到抑制和改善。气质是先天的，通过良好的教育氛围和科学的教育方法都可以得到改善，形成良好的性格。

不同的学者对性格的分类有不同的理解。如有学者将性格分为理智型、情绪型和意志型三个方面；精神分析学家荣格根据人的“力比多”活动倾向，将人的性格分为内向和外向。内向型的人遇事冷静，反应比较迟缓，环境适应性差，不善于交际，外向型的人则与之相反。现实的人多是内向和外向的混合。而也有人将个体性格分为独立性和顺从性。独立性性格的人比较有自己的主见，坚持自己的原则，因此，能够坚持自己的道德信念，坚持自己的人格；而顺从的人更容易随大流，这样就会导致没有主见，也会放松对自己的要求。

心理学家彼得罗夫斯基认为，人的性格是由多种性格特征组合在一起的复杂结构，这些特征是相互依存的，相互联系组成一个完整的、有组织的复合体。这种个体的性格系统不是由一种个体态度决定的，而是取决于个体的

① 吴万森，姚清如.《普通心理学》，哈尔滨：黑龙江教育出版社，1986年，第527页。

各种不同的态度。彼得罗夫说，人的性格特征是由人对待他人、集体、社会的态度特征，对待劳动的态度特征，对周围事物的态度特征，以及对待个体本人的态度特征、对待劳动的态度等组成。最核心的态度是由社会关系决定的，是由个体对待他人、集体或社会的态度所决定的，因此，人的社会型核心态度就是个体性格结构的基础。[①] 道德人格也体现在个体对社会关系的态度，只不过这种态度更多体现在个体对社会关系中包含的职责要求能否遵守和践履，因此，可以说性格中包含道德人格。同时性格也与道德人格有密切的关系，我们从性格里可以推出道德人格的内容。如有些谦虚谨慎、乐于助人的人可能是责任心比较强的人。

2.2.2 社会要素

道德人格的形成不是由遗传因素和生物因素决定的，社会因素是影响道德人格形成的关键。如前面提到的反社会人格中，生物遗传因素占了一半，同时与各种文化特征有较大关系，研究人员称：反社会人格与“一个人与生俱来的神经脉络和一个人一辈子都得生活在广大的社会之间的关系有关”[②]。研究表明在中国和日本，有这种缺陷的道德人格较少，大大低于西方国家。而且近年来美国的反社会人格的发生率节节上升，这与个人主义的文化有重要的关系。可见，社会环境和文化环境对道德人格的重要影响。

从出生之后，我们就处于社会之中，社会就开始在我们身上留下痕迹，这极大地影响了道德人格。社会是一个系统，经济、政治、文化是影响道德人格形成的重要因素。

①[苏]彼得罗夫斯基.《普通心理学》，朱智贤译，北京：人民教育出版社，1981 年，第 473 页。

②[美]玛莎·斯托特.《小心，无良是一种病》，陈雅汝译，北京：中信出版社，2011 年，第 185 页。

（1）经济因素

马克思创立了历史唯物主义。历史唯物主义认为，经济因素是社会发展的决定因素。人们所有的社会活动都与他们的经济利益有密切的关系。一切人“只是经济范畴的人格化，是一定阶级关系和利益关系的承担者”①。因此，经济因素对道德人格有决定影响。经济因素包括经济制度、经济体制和经济状况，这些都对道德人格都有重要影响。

第一，人们所处的经济关系决定道德人格的内容。

经济关系是指生产关系，是人们在生产过程中结成的人与人之间的关系。生产资料所有制形式是经济关系集中表现。经济关系是基础，决定着在其之上的政治、文化等其他上层建筑形式。马克思也说：“人们自觉地或不自觉地，归根到底总是从他们阶级地位所依据的实际关系中——从他们进行生产和交换的经济关系中，吸取自己的道德观念。”②马克思说：“我决不用玫瑰色描绘资本家和地主的面貌。不过这里涉及到的人，只是经济范畴的人格化，是一定的阶级关系和利益的承担者。我的观点是：社会经济形态的发展是一种自然历史过程.不管个人在主观上怎样超脱各种关系，他在社会意义上总是这些关系的产物。”③而道德观念和道德规范都根植于人们的经济关系之中。在历史上形成了几种社会形态：原始社会、奴隶社会、封建社会、资本主义社会及未来的共产主义社会。每一种社会形成各自的经济关系。在这些生产关系下决定了道德人格的内容。以原始社会为例，原始氏族是由原始社会组织形成。由于生产力的极度低下、生产资料集体所有，人与人之间地位平等、共同劳动、平均分配生产资料，这样就形成了原始人朴素的团结友爱的人格特点；到了奴隶社会，社会分裂为两个对立的阶级：奴隶主阶级和奴隶阶级。

①《马克思恩格斯全集》第23卷，北京：人民出版社，1972年，第12页。
②《马克思恩格斯全集》第20卷，北京：人民出版社，1971年，第102页。
③《马克思恩格斯全集》第23卷，北京：人民出版社，1972年，第12页。

奴隶主占有生产资料，奴隶不占有生产资料，其人格得不到承认，是“会说话的工具”、产品最终归奴隶主所有。这样对立的生产关系下就形成了奴隶主道德人格和奴隶道德人格。奴隶主往往任意欺凌奴隶，用残暴的手段剥削和压迫奴隶。而奴隶则不被当作人看待，受剥削、受压迫的阶级，任人宰割、逆来顺受等性格。当然当奴隶不堪忍受压迫时，就会起来反抗。封建社会，地主占有生产资料、农民没有生产资料，或者仅有一点生产资料。形成了尊卑贵贱的地位关系，形成了君为臣纲、夫为妻纲、父为子纲等依附道德人格特点；资本主义社会，资本在推动生产力的重要作用，形成资本家“拜物”的人格特点。同时无产阶级则形成了重视纪律、团结等人格特点。

第二，经济状况影响道德人格水平。

个体经济状况是指个体或者家庭劳动所得报酬或其他经济收入和生活消费支出情况。经济状况反映了经济发展的水平，对道德人格有重要的影响。司马迁在《史记·管晏列传》说：“仓廪实而知礼节，衣食足而知荣辱”，指出了良好的经济状况对人们修养的重要影响。一方面，良好经济状况为道德人格修养创造了条件。马斯洛的需求层次理论指出，人的五个需求层次中生理需求是第一位的，只有物质需求实现了，才能为高层次的需求创造条件，而当人们经济状况不好时，当人们还在为物质需要的满足而奔波时，往往就会淡漠道德人格的需要，毕竟，生存是人的第一需要。马克思也指出：“在极端贫困的情况下，必须重新开始争取必需品的斗争，全部陈腐污浊的东西又要死灰复燃。”[①] 经济状况不好，抑制了人的道德需要，甚至为了生存资料的获得铤而走险，用不道德的手段来获得生存资料，道德人格无从谈起；另一方面，良好的经济状况可以更好地实现自己的道德理想和目标。良好的经济状况可以为一些善行提供物质保障。当代的企业家，利用自己的经济优

①《马克思恩格斯选集》，第 1 卷，北京：人民出版社，1995 年，第 86 页。

势，积极做慈善，在为社会贡献的过程中实现了自己的道德理想，成了慈善家。当然并不是具有良好的经济状况的人才能做慈善，只是他们有物质保障可以更好的将自己地理想化作现实。

第三，经济体制也是影响道德人格的重要因素。

经济体制是指经济运行方式。近代伴随着资本主义经济的出现，大致形成了计划经济体制和市场经济体制两种经济体制。计划经济是指按照国家指令性计划来规定企业的行为，实现资源配置的方式。计划经济下通过国家力量可以调节配置一切资源。企业不是独立的市场主体，不以营利为目的；企业是行政部门的附属物，只是听从政府的指挥来完成计划指令。个人的消费品是依靠配额来完成的。这种经济体制下的人，个人干多干少一个样，积极性不高，人依附在单位中，同时计划经济按照指令分配消费品，这样就形成一种绝对平均观念，不利于人的积极性的调动。而在市场经济体制下，市场通过供求规律来调节资源配置，企业或者个体是自主经营、自负盈亏的独立市场主体，通过竞争来实现经济盈亏。在市场经济条件下，人与人之间遵循的是契约原则和法律原则，政府、个体和企业必须在法律的范围内行动。市场经济遵循竞争原则和优胜劣汰，因此最大程度地调动了人们的生产积极性，调动了人的能动性，这有利于形成进取意识、竞争意识；市场经济是法治经济，法律观念、契约观念深入人心；总之，在市场经济条件下，能够最大程度地调动人们的积极性和主动性，提高个体生命意识，促进个体主体性的发展；当然，在市场经济条件下，物质利益成为市场主体行动的最大的目的，因此有些人就有可能为了自己的物质利益而不择手段，这是市场经济对道德人格带来的负面效应。

社会经济关系决定道德人格的观点不能机械地理解。首先，经济关系总是在整体决定人们的道德人格内容，而每一个人所达到的道德水平、道德境界是不同的；其次，人们创造自己的历史不仅仅是经济的原因。恩格斯在人类历史的创造过程中指出："人们是在十分确定的前提和条件下创造的，其中经济的前提和条件归根到底是决定性的。但是政治等的前提和条件，甚至那些萦回于人们头脑中的传统，也起着一定的作用。"[①] 因此，政治、文化传统等都对人格有重要的影响。

（2）政治因素

政治是一个历史范畴，在阶级社会里，政治是经济的集中表现。政治深刻影响着个体道德人格。政治包含着政治制度、政治运行模式等。

① 制度因素

制度也是一种规范体系。社会制度是由一定的机关制定、以特定的规则和法令形式表现出来的有组织的规范体系。社会制度是成文的、组织化的、制度化的社会规范，具有普遍的约束力和强制性。诺思就指出，制度的目的是约束主体追求利益最大化的个人行为。人作为世界中的一员，总是受社会共同体认可的制度或者惯例的约束和规范。制度作为明文规定，总是包含着特定的观念作为其理论基础、制度实施的组织和制度实施依赖的物质设备等。这三个方面对道德人格的形成有重要的影响。首先：制度包含着的观念对道德人格的影响，其中最重要的是制度包含的价值观对道德人格的影响，尤其主流价值观对道德人格的影响。如中国二十世纪五六十年代，是计划经济时代，实行生产资料全民所有制制度，培养的人是勇于奉献、甘愿牺牲的道德完人，是雷锋、王进喜这些的道德榜样人。而在社会市场经济制度下，一种新的价值观应运而生，这就是重视功利的价值导向，全社会重视效率、时间、金钱等观念，在这种价值观的指引下，人们的榜样已经不再只是道德上的完人，那些在平凡的岗位上做出自己贡献的人也是我们学校的榜样。2007 年《物权法》的实行、私有财产的保护等制度安排，也是对这种价值观的进一步的

①《马克思恩格斯选集》，第 4 卷，北京：人民出版社，1995 年，第 696 页。

确认。有学者就认为当前的道德状态是一种中人之德的状态。其次，社会制度有自己严密的组织和机构，强制约束人们的行为，对人们的道德观念有重要的影响。规章制度明确个人的权利和义务，为人们提供思想的模式，为人格的形成奠定基础。另一方面，规章制度总是意味着对违反规范的惩罚措施，因此，这就事前对人们的行为后果有了稳定的预期，一定程度上能够防止恶的产生，这是他律对个体道德人格形成的作用。最后，制度本身有善恶问题。善的制度是公正合理的制度，在这种制度下，能够最大调动人们的聪明才智，并且产生尊重制度的美德，从而能够培养自己的美德和人格。而当不合理的制度横行，人们的努力和价值往往得不到公正的回报，此时就容易滋生对制度的抱怨心理，同时大部分人长期生活在这种制度下也会被传染形成漠视规则、自私心理，甚至为了迎合不合理的制度而不择手段。同时，政治制度具有教育功能。正义的政治制度，良好的制度化的程序和途径提供每个公民表达政治意愿的途径，从而为每个公民提供足够的社会空间促进公民的自由发展，能够影响道德公民的素质、个性和气质。一般来说，在正义的制度下人们一般勇于表达自己的言论，表达自己的主张和愿望，社会会更加和谐，人们也会主动地自我约束；反之，在不正义的政治环境下，人们的主张得不到伸张，政治制度缺乏信任，社会上哀怨沸腾，公民也以一种不正义的方式来表达自己的不满，放松自己的修养。

② 政治运行模式

政治运行模式是指政治运作的方式。政治运作是指政治主体依据政治制度、政治目标、政治程序的基本要求，行使政治权力，保障公民权利，管理社会公共事务的政治活动。中西历史上形成了多种多样的政治运作模式。根据不同的标准有不同的表现，如托马斯·阿奎那依据统治者是否正义及统治者人数的多寡进行了分类。正义的政体是为人民谋福利的政体，根据统治者的人数这种政体又分为君主政体、贵族政体、平民政体；不为人们谋福利的政体，依据统治者的人数分为暴君政体、寡头政体、民主政体等。而到了近现代，政治运行模式更加多样。在这里我们主要研究专制政治和民主政治对道德人格的影响。

专制指专断的权力，这种权力具有无条件的绝对性，专制统治作为一种政治形态，是指“最高统治者独自掌握政权的统治制度”① 专制体制下，人们相信君主的权力来源于上帝或天神，君主的权力神圣不可侵犯，其合法性不容置疑。君主的权力作为私有财产可以终身享有且凭血缘纽带世代相袭；专制政治权力全部集中于君主个人，权力即不受限制也不受制约，具有无限性和绝对性。 一切国家政事听命于国家元首个人，其他国家机构只充当元首个人办事机构的角色，如中国的奴隶和封建社会专制政治。在专制政治体制下，人们没有政治地位，人们只能依附于统治者，形成了人民的依附和绝对服从的性格。君主通过道德说教来达到秩序稳定的目的。如儒家道德提倡君臣父子夫妇长幼等。 “其为人也孝弟，而好犯上者，鲜矣，不好犯上者而好作乱者，未之有也。”（《论语·学而》）这种政治运行机制下形成了个体成绝对服从的顺民人格。

民主政治是”指一定社会中在公民能够自由平等地发表意见的基础上，根据多数人的意愿决定问题的国家政治制度及活动机制。”② 民主政治是现代社会重要的政治运作形式，形式也有多样。比如国家以法律的形式承认人的政治权利，权力系统由立法机关或权力机关、行政机关、司法机关等部分组成的。从理论上说，各部分机构各掌其权，各司其职，各机构之间或相互制约，或作为权力重心的权力机关制约其他机构。在民主政体下，国家权力

① 何丽君．中国传统政治的现实批判：专制统治与民主政治的背离与困境，《四川行政学院学报》，2007 年第 4 期。

② 何丽君．中国传统政治的现实批判：专制统治与民主政治的背离与困境，《四川行政学院学报》，2007 年第 4 期。

受到制约，人们享有一定的政治权力。个人的独立、自由获得一定的尊重和实现，个人凭借自身的知识和能力获取社会价值，公民的生活方式得到尊重，相较于专制政治，人们有充分的权利和空间，这有利于个人自由人格的实现。

③ 其他政治因素对道德人格的影响

从政人员素质影响道德人格。政治运作是人来完成的，官员因为掌握着社会资源的分配，具有较高的社会地位，对社会其他个体在道德上有直接的榜样作用，是个体民众最直接的效仿对象。而官员腐败就会造成整体道德风气的腐败和社会整体的堕落。以当前个别国家社会信任缺失为例，政府的失信，是人民不诚信的根源。

政治行为和政府形象对个体道德人格也有影响。博洛尔在《政治的罪恶》中指出了政治行为对个体道德人格的作用。政治斗争是残酷的斗争。最大的犯罪者莫过于政治上的犯罪者。为了争权夺利，人性中的丑恶的一面就会暴露，政治会泯灭人的良知。中国封建社会时期为争夺皇帝宝座，充斥着父子反目、兄弟相残的残忍斗争。法国大革命也向我们展示了人性中残忍、丑陋、凶恶的一面。同样政治运动对人们的道德水准、道德素质也有重大的影响。

（3）文化因素对人格的影响

政治、经济、文化是社会结构的三个部分。经济是政治、经济的集中表现，文化是对经济和政治的反映。在这里文化指的是语言、文学、艺术和一切意识形态在内的精神产品。这主要包括三个部分：首先是社会主流的意识形态和社会文化心理，这主要体现在人们的活动中，形成社会主导意识、社会风气或某种主导性的文化模式，表现为社会的世界观、价值观、人生观、道德观和法制观；其次是由风俗、习惯、常识以及宗教、神话和巫术所代表的自在性的和经验性的精神文化；再次，是由科学家、艺术家和哲学家所创造的、代表着自觉理性的精神文化。[1] 这一个方面也经过长时间慢慢渗透到人民的心理和风俗之中。我们主要从价值观、风俗习惯、民族心理对道德人格的影响，他们的影响往往是全面和长久的。

① 价值观对道德人格的影响

价值是一种关系范畴，是事物的属性与现实的人需要之间的关系，当事物满足了人的需要，符合人的目的的时候，该事物就是有价值的；否则，该事物就是无价值的。价值观就是对周围事物是否有价值的评价和总体看法。人是社会的存在，社会和个人的关系是价值观的基本内容。而在这个问题上有两种截然对立的价值观：集体主义价值观和个人主义价值观。集体主义价值观认为，个人和社会是统一的，个人从属于社会，社会是个人利益的发展的基础，当个人利益和集体利益发生矛盾的时候，个人利益应该服从集体利益。个人主义价值观认为：个人先于社会而存在，人是价值的中心，个人高于集体、社会，个人是社会发展的目的，社会的存在是个人发展的手段；个人主义强调自我奋斗、自我发展。个人主义价值观在促进资本主义发展的过程中有积极的意义，使资本主义从封建羁绊中脱离出来，促进了资产阶级积极性和创造性的发挥，促进了资本主义的发展。个人主义价值观促进了个人的独立、自主，人格的平等，资产阶级的竞争意识、开放意识、个性张扬都得到了极大的发展。但是个人主义价值观在处理个人和社会的关系上是错误的，人是社会的人，人只有在社会中才能获得真实的存在，找到自己的价值的来源。在个人主义价值观下个人本位的扩张导致社会责任感和集体意识的匮乏，容易造成个人与社会、自我与他人的冲突，成为社会发展的否定性因素，而且在道德理想层面上无法造就大公无私，富于自我牺牲的人格。在集体主义价值观下容易形成为人民服务的人格特征，这种自我的价值在于为社会的

① 邱吉.《道德内化论》，北京：民族出版社，2004 年，第 139 页。

奉献。因此，有较强的责任心，而且会形成奉献、自我牺牲的风格。心理学研究表明，西方的个人主义的价值观容易导致反社会人格，而东亚的集体主义价值观则不容易导致这种人格，而且“这些信念体系能够让已经生下来的、情感方面有缺陷的反社会人格在认知上得到弥补”①。因为这种价值观认为万物是相连的，人与人建立联系是有意义的，这种观念有助于建立人与人之间的责任感，因此有利于消除反社会人格的形成因素，促进良好道德人格。

② 风俗习惯对道德人格的影响

文化具有继承性，经过世代相传，文化就凝固成特定的文化模式，发展成为独特的文化传统。风俗习惯是文化传统的组成部分。风俗是人在历史上自发形成，传递下来，并在社会上流行的世代相传的行为方式。它表现于日常生活的一切领域如生产、饮食、家居、建筑等方面；社会习惯是植根于人们心理而惯常、自然地从事某种活动的特殊倾向，是人们一定行为活动经过多次重复而逐步形成的。主要是社会沿袭下来的风俗、惯例、礼仪等。风俗习惯作为一种传统的沿袭，它的特点是普遍性和调节性。黑格尔就说：“我必须配合着别人而行动，普遍性的形式就是由此而来的。我既从别人那里取得满足的手段，我就得接受别人的意见，而同时我也不得不生产满足别人的手段。于是彼此配合，相互联系，一切个别的东西就这样地成为社会的。”②在这里，我们看到了风俗习惯的他律作用，对个体人格有直接的作用，作为个体生活的背景，风俗习惯成为个体行为的依据。风俗习惯还具有教化功能，在风俗的潜移默化的影响下，人们的心灵就会得到净化，去除情感、意志、任性等个体性品质，而达到“中道”的品质。当然风俗习惯对个体道德人格的影响并非总是积极的，因为是对传统的沿袭，所以它就有一定的惰性，有

① 武斌.《人格的选择》，北京：现代出版社，2011 年，第 180 页。

②[德]黑格尔.《法哲学原理》，北京：商务印书馆，1996 年，第 207 页。

僵化和保守的一面，这也就会导致人格中的僵化保守的一面。如在改革开放前，人们的观念里社会主义与市场经济是不搭的，这种僵化的思维束缚了人们的手脚。

③ 民族心理对道德人格的影响

民族心理是影响道德人格的重要方面。它指一个民族在长期的共同生活中形成的民族所特有的心理风格，即各种稳定的心理特点的总和，是民族风貌的体现。它包括民族性格、民族自我意识、民族情感、民族传统、民族风俗习惯、民族社会心理定势等要素。民族心理是一个民族的集体无意识，是印刻在人们大脑中的祖先经验，荣格称之为“原型”，这种原型是一个民族成员共同的的经验，对个体道德人格有重要的影响，尤其以民族性格的影响最大。民族性格是民族心理成分中最深刻、最稳定的因素，它作为历史文化、传统和社会规范在人们心理内化和积淀的因素，表现为人们的感情、情绪、理想观念、动机、态度、世界观、人生观、价值观等，对人格塑造有重要的影响。当然，民族性格对道德人格的影响是双重的，既有积极的影响，也有消极的影响。需要根据时代进行批判继承和发展。如中华民族在长期的发展过程中形成了勤劳、热情、与人为善的性格等民族性格，但同时民族性格中所表现的特权意识、宗法观念，缺少主观能动性、依赖性强，缺少创造性等不符合现代要求的性格就需要我们在今天进行因势利导地去除；而其人格中的积极因素则可以继续发扬光大。

2.3 道德人格形成的必要条件

道德人格的形成是个体道德社会化的最终目标。从个体生命来说，无论是社会规范、道德教育还是风俗习惯都是先于人的、不以人们的意志转移的客观存在。个体形成道德人格就是将这些外在因素，内化到主体内部，成为主体人格的一部分。在这个过程中主体不是被动的、消极的。其中，个体道德自我意识是道德人格形成的原动力，道德需要是道德人格形成的内驱力，道德内化是道德人格形成的关键。具体如下。

2.3.1 道德自我意识是道德人格形成的原动力

自我意识是个体对自己的身心状态和对自己与周围环境关系的认识，包括自我认知、自我评价和自我控制。自我意识人类独有的，自我能分为主体我和客体我，使个体成为自己意识的对象，成为自己控制的对象，体现了人的主体性，这是个体与动物区别的重要方面。黑格尔将自我意识看作是人区别于自然界，超出他的自然存在的一个根本标志和根本原因。自我是意识的核心，人不但能意识到外部世界，而且还能意识到自我并能调节自我，而动物能够意识到自己的需要，但动物的需要和生命是一体的，满足了生理的需要就不会有新的需要。而人能意识到自己的存在并为自己确定生活的意义。道德自我意识是个体对自我道德观念的总和。它包括对自己生命意义的理解、自我在道德上的期许、对自我道德现状的认识，对道德自我的评价和自我的道德控制等。道德自我意识是道德人格形成的原动力。

首先，道德自我意识是道德认识形成的基础。选择什么样的道德认识与主体的道德意图有关，道德自我意识作为一种主观的尺度决定了客观道德价值能否进入道德主体的认识。曾钊新等学者就认为，道德自我意识是一种道德图式，“这是个体意识中的观念系统和道德信念系统。道德图式一经确立，会成为一种主观的内在尺度不仅对个体的道德行为发生影响，而且对个体的道德认知发生影响”[①]。其次，道德自我意识是道德价值实现的保证。选择什么样的道德价值和标准是我们在道德决策和选择时经常遇到的问题，同样选择什么样的道德价值也是道德人格水平高低的重要标准。中国古代“义利之辨”就体现了对这个问题的反思，它指出作为君子要“舍生取义”，

① 曾钊新，李建华.《道德心理学》，长沙：中南大学出版社，2002年，第404页。

当然那是在极端的情况下的行为。但具有道德自我意识的人能够将道德标准或者自己的人格标准放在第一位，而不是顺从自己的本能或者情感，体现了个体对道德的坚守。最后，道德自我意识具有维护道德情感和坚定道德意志的作用。道德自我意识能够进行自我控制和自我评价，在行为过程中能够积极主动地维护自己的道德情感，哀而不伤；坚定自己的道德意志使其道德行为顺利进行。正是自我意识对道德人格形成的重要意义，国外研究者通过对道德典范行为的研究得出结论："道德发展的关键问题是一个人的全部个人目标——归根结底是人的自我意识——是否支持个人的道德思想和道德行为。"[①]可以看出道德自我意识对道德人格发展的原动力的作用，没有道德自我意识，道德认知、情感意志等都无法形成。具有良好的道德自我意识就可以对自我进行积极主动的调节、控制自我、约束自我、激励自我，自我被道德化的过程，也是道德人格形成的过程。

当然道德自我意识不是生来就有的，是伴随着个体社会化的发展而出现的。儿童在大约 1 岁时开始将自己与别人区别开，开始有了自我意识，而在 9 岁之前，儿童对自己道德上的要求主要依靠他律，即此时对道德规范的遵守主要是来自外来（家长、老师等）权威的要求或者是害怕惩罚的心理，对自己的道德评价也主要是来自外在权威，儿童道德自我意识是不明显的。而到了 9 岁之后儿童的自我评价有个明显的变化，从注重外部评价过渡到自身对道德认识的理解，此时儿童也开始从重视依靠道德原则或者道德效果来评价行为过渡到注重对行为者的道德意图或者动机的评价。著名心理学家皮亚杰在《儿童的道德判断》一书中，通过观察儿童游戏活动和儿童对短小故事反应，也得出了相似的结论：9 ~ 10 岁的儿童，在对一个毁坏物体的事件下结论时，接近 9 岁的孩子，其判断事件好坏是基于物体被毁坏的程度；而 10

① 杨韶刚．什么是有道德的人，《教育理论与实践》，2003 年第 4 期。

岁的孩子，在判断事件好坏时，会考虑肇事者的破坏意图，也就是此时儿童从开始关注道德行为或者道德效果过渡到关注行为者的动机或意图，开始关注自己或者别人在道德上是一个什么样的人的问题了，道德自我意识开始形成。

2.3.2 道德需要是道德人格形成的内驱力

道德自我意识是道德人格形成的原动力，道德目标、理想自我等还是外在于人的。这就需要有一种内驱力作为诱因，促进道德人格的形成。道德需要是作为主体的人，对道德的依赖性和倾向性，这是主体从不平衡到平衡，达到内在稳定状态的活动。人和动物一样是作为需要存在的，马克思说："他们的需要即他们的本性"①，人和动物的需要是不同的：动物的需要是固定的，人的需要是多样的；动物的需要是单一的生存需要，人的需要除了生存需要之外还有精神需要；动物需要的满足方式是单一的，人需要的满足方式是多样的。同种动物需要是相似的，不体现为差别性，而人的需要及满足需要的手段则体现了人的差异性和人素质的高低。马克思就曾经将人的需要分为"社会创造的需要和自然的需要"，自然需要是人和动物需要内容相同的地方，但在满足需要的手段和方式上是不同于动物的。道德需要是人区别于动物的一种需要，这是一种精神的需要。从前面我们知道，这种需要源于人的个人和社会存在的两重性及个体利益和社会利益的两种性，从其产生来看，道德需要具有工具性，我们在社会中遵循道德是为了立足社会、实现自我需要的满足。但是同时道德总是意味着一定的自我牺牲，这说明了道德需要同样超出利益的满足而成为人的自我完善的精神需要。当然个人为了生存发展而遵守道德规范也体现了人具有的秩序、公正的需要。

道德需要是道德人格形成的内驱力，没有真正的道德需要就不会有真正

①《马克思恩格斯全集》，第 3 卷，北京：人民出版社，1960 年，第 514 页。

的道德人格。需要总是意味着一种不平衡的状态，这是个人活动的源泉。“任何人如果不同时为了自己的某种需要和为了这种需要的器官而做事，他就什么也不能做。”[①] 因此，人们的道德需要往往意味着个体身处于一种巨大的不平衡状态，并且刺激着主体进行道德思考和道德认知升华，寻求适应社会和自我保护的方式，进而刺激主体去采取道德行动，实现内心的平衡，为道德人格注入新的内容。这种心理不平衡的产生伴随着个人的社会实践发展。一般情况下个体能够依据已有的道德行为方式去处理相关的问题时，道德需要不会产生，但是当个体遇到某些道德情境束手无策时，就引起了对以往道德道德处理方式的怀疑，进而期望提升自己的道德水平；或者生活中有些道德榜样刺激了个体的道德认知，这就激发了个体的道德需要和动机，或扩充自己的道德知识、或完善自己的道德价值体系，或者是在新旧的道德冲突中能够创造新的道德行动。通过种种方法实现了道德人格的变化发展。

2.3.3 道德内化是道德人格形成的关键

社会伦理关系规定的道德规范是道德人格的客观内容。因此，道德内化是道德人格形成的关键。个体内化道德规范的性质、道德内化的程度、道德内化的内容都对个体道德人格素质有重要的影响。

（1）道德内化（Moral Internalization）的含义

内化的字面的含义是指从外而内，也就是将外在的东西转化到个体内部。在心理学的发展史上，“内化”概念是法国社会学派提出来的，是指社会意识转化为个体意识，也就是把意识形态的各要素转移到个人意识之内。心理学上的内化指的是：“主体把现实的或想象中的他与其所处的环境间有规则地相互联系，以及现实的或想象的环境特性转化为内在的规则和特性的过

①《马克思恩格斯全集》，第 3 卷，北京：人民出版社，1960 年，第 286 页。

程。”[①]可见内化就是将外部的世界的秩序和规律转化为主体内部思想的过程，是客观的东西转化为主体内部东西的过程。

为什么能够内化？我们的知识、观念和行为方式和交往方式都是内化的结果，这是人类文化传承的方式和个体生存的保障。主体能够内化外部的思想行为说明了主体内部并非白板，而是遗传着人类的基因，有接受外部信息的能力。当然，这种能力是在生活中逐渐形成强化的，生活在狼群中的狼孩即使来到了人类社会，获取信息的能力也很弱；而先天脑机能损伤的人，其接受社会信息的能力先天不足，在社会中生活学习的能力是没有的，内化也不能完成。在个体发展过程中，由于个体的自身意识的差异、经历的差异、认知和意志的差异等使得个体在内化社会规范和原则价值观方面都存在着差异。

内化的标志是将外在的东西化作自己内部的一部分，也就是成为自己人性的一部分。而人格是人性的现实化。因此，内化对人格有重要的意义。没有内化就不能产生人格。从这一点上我们说人格既是文化的产物又是内化的产物。

为何需要道德内化？道德产生的基础是人们的物质生活的产物。“意识在任何时候都只是被意识到了的存在，而人们的存在就是他们的实际生活过程。”[②]“不是人们的意识决定人们的生活，是人们的生活决定人们的意识。”[③]因此，道德是来自人的社会生活和社会实践的，不是如康德所说的先天理性的产物。同时个体处于社会生活中，为了维持自己的生存和发展也必须将规范内化在自身中。个体为了实现安身立命，获得社会认同，只有将社会道德内化为自身的行为准则，形成一定的价值目标，才能实现自身的社会规定性。

①《心理学百科全书》，杭州：浙江教育出版社，1995年，第1875页。

②《马克思恩格斯全集》，第3卷，北京：人民出版社，1960年，第29页。

③《马克思恩格斯全集》，第3卷，北京：人民出版社，1960年，第30页。

从社会的角度来看，道德内化和道德社会化是同一个过程。但是笔者认为内化更能体现个体的主动性和能动性。道德内化是指建立在个体社会实践基础上的，个体通过学习道德规范，进而认同道德规范，最后将其内化为自己道德素质的过程。个体在生活中的内化方式是多种多样的，学校教育、家庭教养、同辈影响、社会熏陶、组织引导等都是道德内化的形式。道德内化与其他内化显著的区别是道德内化的最终目的是改变人的行为，达到道德自律。

① 关于道德内化过程的观点

道德内化的过程是指外在的道德规范是如何进入人的意识之中，并且转化为行为。因为道德规范和价值虽然是外显于个体，但个体如果不能形成主动内化的要求和愿望就无法接受外在的影响。因此，内因是关键，外因是通过内因起作用的。内化的过程充分体现了个体的能动性。首先，个体道德内化体现了个体的选择性。道德内化表现了人的主动的选择性。道德规范是先在于人的，人生下来就处于道德规范的包围中，但内化的发生不是被动的，没有主体的参与，道德内化是无法发生的。研究表明，婴儿大约 4 个月时对与成人的交往和反应出现选择性。而且随着年龄的增长和个体阅历的增长，个体主动选择内化内容的能力越来越强。可以逐渐根据自己的兴趣、喜好、理性来主动塑造自我，这是独特自我形成的关键。其次，个体道德内化的主动性，个体道德内化的内容不是一成不变的，随着社会交往的扩展，个体面临着新的外界环境，出现新的影响因素，个体会及时调整自己改变内化的内容。如儿童随着年龄的增长，接触到变化的环境，个体逐渐不自觉地接受各种道德模式的影响，并能不断地修正、调整自己的道德模式以建立新的成熟的道德模式。

凯尔曼提出了价值内化的三个阶段，即顺从阶段——迫于外界压力而表面服从他人的意见和观点，保持与他人的一致；认同阶段——个体因在认知情感、态度和思想感情上接纳认同他人或者社会的影响而主动消除了外在压力；自己主动将新思想，与自己原有的认知、信念图示相结合，形成一个完整的价值体系。价值内化是道德内化的一部分，价值内化以认同为最终目标，而道德内化则以信念和行为为最终目标。

国内学者对道德内化过程的观点。鲁洁教授将道德内化分为感受、分析和选择三个阶段；[①]燕国材老师则对这一问题更加细致地分析，他综合国内外的有关研究，将道德内化过程分为六个阶段：1. 定向阶段。这一阶段的主要任务是激发道德内化的动机、确定道德内化的目标。2. 认识阶段。这一阶段主要是形成一定的道德表象、形成一定的道德概念，最后要巩固所获得的道德表象和概念，最终完成从感性认识到理性认识的升华。3. 评价阶段，其主要任务是对所认识的信息、道德要求、道德行为的真假、善恶、美丑提出一定的看法，表现出一定的态度。4. 顺从阶段，主体无条件地服从某些道德规范、行为准则或他人的道德命令、要求，这是他律的表现。5. 认同阶段，这一阶段主体的认识、情感和意志能够独立自主地接受他人或者集体提出的道德规范，行为准则，表现出自律的特点。6. 良心化阶段，这一阶段实现道德自律和他律的统一，道德内化完成。[②]胡林英博士则认为道德内化是一个由外及内、从表层认知向深层思想内化逐层发展演化的过程。这个过程是虚壹而静一以身体之一知行合一三个逐次递进演进的阶段。一是虚壹而静即通过道德经验和情感共鸣两个环节，虚心接受新的道德知识，避免先入为主和偏见。二是以身体之，也就是主体对道德新知识的接受乃至认同。三是知行合一，道德主体实现了化外在规范为内在德性的统一，这是道德内化的完成。

纵观学界关于道德内化过程的观点，虽然学者对道德内化的过程观点不

① 燕国材．谈谈道德内化问题，《中学教育》，1997 年第 6 期。

② 燕国材．谈谈道德内化问题，《中学教育》，1997 年第 6 期。

一，但都认为道德内化不是一个主体被动接受外在规范的过程，是主体能动的认识、认同道德规范的过程，是主体从内在心理到外在行为发展变化的过程。在这个过程中，道德由外在向内在转化，最终成为人格素质的一部分。其中，道德认知是道德人格形成的基础；道德认同是道德人格形成的关键环节，实践是道德人格形成的必要环节。

第一，道德认知是道德人格形成的前提。

道德自我意识确立了自己的人生目标和人生价值所向，为道德人格的形成提供了驱动力。建立良好的道德自我认识需要有道德认知。人是社会存在物，人生存就需要处理好自我与社会、他人的关系，人生的意义也是在社会中实现的。因此，“人如何为人”的答案离不开特定的历史条件为人们提供基础。道德人格就是在反思人存在的意义和“人如何生活”这一问题时做出的回答。因此，人需要内化社会的要求就需要形成一定的道德认知。著名道德教育家托马斯·里克纳认为，道德认知是人们了解自身的生活环境的道德尺度；树立客观的、有价值的道德观是在能够听取别人观点的基础上设身处地地去认识各种道德形象；是通过道德推理，知道为什么有些行为比其他行为更加富有意义；是在危急关头，能够较全面考虑事情的各方面及其后果，进而做出道义的决定；也是个体具备自我认知能力的表现，其中包括自我批评的能力。[①]总体说来道德认知应该是主体对社会道德现象及其本质的认识、知觉、体会、理解、把握。[②]具体说来，道德认知一是对道德知识的认识，也就是对社会道德规范和道德体系的了解、认识和把握。社会道德规范体系是对社会道德规律的反映，因此，对其了解是道德认知的基础。二是对道德情境下的道德判断力的形成，道德不是束之高阁的摆设，不是虚无缥缈的楼

① 吴俊，木子．道德认知辨析及其能力养成，《道德与文明》，2001 年第 1 期。

② 窦炎国．论道德认知，《西北师大学报》（社会科学版），2004 年第 11 期。

阁，而是在生活世界中的常态。因此，道德认知也需要对道德情境的分析，形成关于如何行动，能够权衡利弊、善恶、做出道德选择的道德判断力。道德判断力是建立在对道德情境的认识、以一定的善恶为基础，经过道德考虑和运用道德思维，分析道德情境，最后做出道德选择的过程。道德认知的这两个方面相互联系、相互渗透的。没有对道德规律和理论的认知，就不能作为道德判断；合理、科学、有效的道德判断为个体的道德认知提供了实践确认，促进了道德认知的牢固。

道德认知是道德人格形成的基础。西方思想家苏格拉底说过，“美德即知识”，不道德总是与无知联系在一起的。虽然这种观点比较武断，但指出了道德认知在道德人格形成中的基础地位。道德心理学家皮亚杰和科尔伯格都对道德认知进行过研究，它们认为个体道德认知能力的发展标志着道德人格的水平，其实道德认知仅仅是道德人格的构成之一，不能完全代表个体道德人格水平，但是道德认知是道德人格形成的基础。首先，道德认知代表着一定的道德思维能力、反应能力和判断能力，这就为个体道德行为的发生做出了准备。其次，道德认知能够为道德情感确定方向，个体的道德认知能力越强、个体道德认知水平越高，越能使得情感反映合乎中道。最后，道德认知能力也是道德信念的源泉。道德信念是道德人格稳定性和持久性的基础，道德信念是以对道德规范的确信为基础的。没有良好的思维能力、没有对道德情境的分析能力，道德信念就无从谈起。真知是信念的基础。

第二，主体认同是道德人格形成的关键环节。

道德认知只是提供了一种道德必然性和规律性，但知识不是美德，要形成道德人格，仅有道德认知是不够的。了解较多的道德知识并不意味着道德人格的完善和崇高。否则，我们就可以认为伦理学家人格最高尚了，当然这很荒谬。道德认知只有转化为道德认同，才是通往道德人格真正的一步。否则，道德知识还只是一种外在的东西。道德知识只有经过主体的内化和认同成为主体内在的一部分，才能最终转化为主体的内在指导原则。

美国著名道德教育学家拉瑞・P. 纳西说过："在过去的十年时间里，在一些道德教育研究者当中，就一种更有效的方式来理解人的道德观念已经逐步达成共识，认为一个人的道德概念怎样和作为道德主体的人联系起来，要看具体的形式和个体将道德和他们的主观个体认同感相整合的程度。"[①] 因此，布莱西认为道德责任是将道德整合进自我感或者自我认同的结果。也就是说，道德认同是在对道德原则和道德规范的深刻认识和理解的基础上，产生道德原则和伦理规范本身的敬重、尊崇的态度、体验，是将道德规范自愿内化为自己的内心，真正成为自己的价值目标和人生方向的指导。因此，道德认同不仅仅是社会认知认同、价值认同，还是一种情感认同，而情感带有一定的强烈性和稳定性，甚至带有道德信念的色彩，是道德人格形成的关键。

道德认同指个体根据自己的道德需要，对道德知识信息进行选择加工、转化为个体内在观念的一部分。这种认同实现了情感认同、价值认同是通往道德行为的中介。当个体实现了道德认同时，就会对自己是如何做人、怎样为人形成了一个清晰的认识，转化为一种信念和力量，就在茫茫宇宙中找到了自己的意义和归宿，找到了自己的精神家园，在心中就有一种自豪和自尊，就有一种与不正义作战的力量。

第三，实践是沟通道德内化和道德人格的桥梁。

道德人格不是先验存在，与生俱来的，而是在社会实践中不断生成的，道德人格的价值也只有在人的实践考察中才能把握。实践是人的本质到人格形成的桥梁。康德在《实践理性的方法论》中指出："如果人的本性不是通过这样生成的。那么，没有哪一种法则的表象方式会在什么时候通过转弯抹

①[美]拉瑞・P. 纳西.《道德领域中的教育》，刘春琼译，哈尔滨：黑龙江人民出版社，2003 年，第 156 页。

角和劝告的手段产生出现道德的意向的德性来。”①

实践是人的本质现实化的桥梁，也是道德人格生成的基础。个体只有在实践中，将道德外化为行为，形成一定的行为习惯和个体行为方式，道德人格才能最终形成。这个过程个体会根据内在的道德信念，把经过个体心理认知、认同的各类道德形象和行为作为范型加以强烈的追求和仿效，最终体现为行为。一次行为还不能形成人格，个体需要在实践中反反复复的实践，最终成为习惯。

③影响道德人格水平的因素

道德人格表现为层次性和差异性。探讨这种差异的原因是道德理论的重要内容。这里我们尝试从以下几个方面来探讨这种差异的原因。

首先，不同“重要他人”的影响。

道德人格形成一个重要因素是“重要他人”的影响。个体在寻求自己在道德上是什么人的过程中往往会转向某一个体或者群体，认同并且追随他们，将自己打造成这种人。这尤其发生在童年时期，在家庭生活阶段，父亲、母亲或者兄长容易成为我们的重要他人。而进入学校后老师容易成为我们效仿的榜样。弗洛伊德的研究表明，儿童对“超我”的内化对其行为有强制作用。五六岁的儿童若以父母为自己的重要他人，就容易发展成为有道德的人。首先，重要他人是青少年道德学习的榜样，这种榜样就在身边，容易理解、易于模仿，对青少年产生潜移默化的影响作用。其次，重要他人作为生活学习的伙伴，通过情感沟通，理解关心，是一种极为积极有效的教育方式。他们在情感上对青少年的接纳可以经常站在孩子的立场上思考和处理问题，能充分了解教育对象的心理、思想状况，这样就会尊重孩子，给孩子成长的空间，而不是居高临下灌输给孩子一些与实际生活遥远的教条。最后，重要他人的

①[德]康德.《实践理性批判》，关文运译，北京：商务印书馆，2011年，第165页。

隐形监督作用。当个体确认了其重要他人时候，就会对其品德和为人心理上产生一种倾向和向往，此时，个体就会内化重要他人的行为规范为自己的良心，而重要他人对其评价和鼓舞能引起他的内疚感或者自豪感，从而为个体进行正确的选择奠定基础。“父亲的、社会的、性爱的、职业的态度以及抱负，变为儿童自己的自我理想（ego-ideal）的基础。”可见在道德人格发展过程中重要他人对道德人格的影响。因此，父母等重要他人的价值观和生活方式对儿童道德人格的培养是一个重要的影响因素，甚至奠定了以后个体道德人格发展的方向。

第二，道德图式的差异。

道德图式是指“存储在个体长时记忆中的并有助于当前信息加工的道德知识结构”[①] 这种道德知识结构是人们在长期的生活中形成的感知、记忆、想象、表象等能力的综合。这种能力沉淀在人的记忆库中，当道德信息到来时就会及时对道德信息进行加工，选择符合自己道德图式的部分，并且纳入自己的道德图式中，而对不适合自己道德图式的信息则会过滤掉。因此不同道德图式便形成了不同层次的道德人格水平。心理学的研究表明：“一个高度敏感的个体，会有更多的更加复杂和精细的心理模型可以通过高度自动化的方式激活，因为他们的结构非常丰富且相关。”[②]

心理学家莱斯特等人通过实验，将个人道德图式分为三种：个人利益图式、保持规范图式和后习俗图式。个人利益图式是在处理信息时将“个人的互惠互利”作为选择的依据，只选择能够互利型的道德行为；而保持规范模式是指在道德思维中利益不再是中心，而是为了维持社会秩序，这种道德图式将维护秩序作为行为的选择，道德境界的层次较前面有所提高；而后习俗

① 万曾奎.《道德同一性的心理学研究》，上海：上海教育出版社，2009 年，第 126 页。
② 万曾奎.《道德同一性的心理学研究》，上海：上海教育出版社，2009 年，第 126 页。

图式人们认为道德规则是可以讨论、变更的，这种道德图式能够使人真正将道德规则与人的实现结合起来，这种人不但是孔子所说的，随心所欲不逾矩的人，也是达到了道德人格升华的人。当然这三种模式不是一成不变的，个人互利模式大多发生在儿童时期，而保持规范模式则在青少年或者是成人时期，但有些人终此一生也不会发展到后习俗模式。道德图式的差异深层次体现的是个体道德需要的差异，是对道德自我的不同的理解和要求。因此，道德同一性对道德人格的层次有决定性的影响。

第三，道德自我同一性对道德人格的影响。

自我同一性是道德人格的一个重要特征，也是影响道德人格水平的一个重要因素，因为自我同一性是从道德认知到道德行为转化的中介。自我同一性是对“我是谁”的认识。道德自我同一性，表现了人对自我的道德追求和道德信念。道德同一性是“我是谁”的道德阐释。道德同一性包括道德自我理解，道德价值观和道德自尊。这三个方面都对道德人格的水平有重要的影响。首先，道德自我理解是如何理解道德在自己生命中的地位。有些人将道德作为自我生命的中心，他们就表现出对自己较高的道德要求，会在生活中履行道德责任，严格要求自己；另一些人则将道德作为生命的边缘，忽视道德的修养。道德心理学的研究表明，将道德作为自己人格的表达，比以父母的要求作为自我行为表现原因的个体更能体现为较高的道德人格水平。其次，道德价值观。道德价值观是一种特殊的价值形态，道德价值是人们评价自己和他人行为是否具道德意义的标准。道德价值观是个体判断事物是否具有道德价值判断的内在尺度。这个尺度反映着社会道德水平的高低。道德价值观是功利价值和精神价值的统一，外在价值和内在主体价值的统一。道德价值观一经形成就会影响个体道德目标、支配道德判断和评价，促进道德行为的抉择和实际道德行为的发生。如若个体能够将自己的道德价值观坚持如一，凌驾于非道德价值观之上，个体就容易选择有价值的行为而摒弃非道德行为。

最后，道德自尊。道德自尊是一种社会自尊，反映了人们在道德上的心理需要，是对自身在道德发展水平一种具体积极的认知评价，反映了个体对自己的人品、道德价值的感知，是一种积极的自我倾向和自我概念。因此，道德自尊又是一种道德身份感，是指人们的道德资格和自我道德定位，即对自我属于何种道德类型的认识。如认为自己是有理想道德的人，道德欠缺者、道德低下者或者不讲道德的人。[①] 道德自尊赋予个体自我控制和道德调控，是道德行为动机的主要来源，是推动道德行为的内驱力。研究表明，榜样人物都会把道德目标作为自尊感的重要组成部分。

① 罗国杰主编.《中国伦理学百科全书》（伦理学原理卷），长春：吉林大学出版社，1993 年，第 343 页。

第 3 章　道德人格的结构和功能

3.1 道德人格的分类

道德人格现象在社会中纷繁复杂。古人说，世界上没有两片相同的树叶，同样，世界上也没有两个完全相同的道德人格。但是道德人格的特殊性中，仍然存在着道德人格的普遍性。我们可以对道德人格进行如下分类。

3.1.1 个体道德人格、国民道德人格和世界公民道德人格

个体道德人格是每一个个体的道德人格；国民道德人格是每一个人作为一个民族或者国家的组成者而形成的普遍的道德人格。二者是整体和部分的关系。

个体组成民族、国家。生活在同一环境的人必定有大致相同或者相似的道德人格特征和行为模式，这就组成了民族道德人格。人类学家本尼迪克特指出："任何群体的绝大多数个人都是按照文化的形式塑造而成。换句话说，绝大多数个人都可按照他们生于其中的社会的造型力量来塑造。"在一个幻觉有很高价值的社会（如印第安人社会）中，人们会有超常的体验。……不管文化已经将什么类型的行为制度化了，离轨者仍然只是少数，……"[①] 在这里，共同的文化、民族心理、价值观塑造了共同的人格，当然也包括道德人格。在同一个生活地域，在同一个国家往往塑造了大致相同的道德人格。如美国人以个人为中心、印度人以超自然物为中心，传统中国人以家族为中

① 周晓红，《现代社会心理学》，上海：上海人民出版社，1997 年，第 75 页。

心。人类学家试图研究人类活动是怎么样以其特有的方式组合产生一些共性。在此基础上，他们提出了“社会性格”“国民性”等。本尼迪克特就提出了“日神型”“酒神型”“妄想狂型”三种群体人格模式。林顿提出了“基本人格类型”的概念，他认为在任何文化的成员，都具有一系列共同的人格因素，包括从进食举止等外在行为到价值观念等内在素质。这些共性为社会成员提供了基本的理解和价值塑造了文化共同体中的人格相似性，这同样适用于道德人格领域。国民道德人格是整体，与之相对的是个体道德人格，个体道德人格与国民道德人格是整体和部分的关系。个体道德人格来自国民道德人格，国民人格是个体道德人格形成来源和内化的素材。个体道德人格就是在内化这些道德人格的过程中形成的。同时个体不是无所作为的，根据自己的理解、自己的认同、自己的选择等形成了个体自我的道德个性。

随着全球化和互联网的发展，人们跨国交往越来越频繁，一个人的身份不仅仅是一国国民，而且也是整个世界的公民。逐渐增多的世界性的交往慢慢形成了世界交往的规范，人们也需要形成具有一种世界公民人格。有学者认为这种道德人格表现为平等、相互尊重和宽容等人格特点。

3.1.2 道德理想人格、普通道德人格和无道德人格

理想道德人格、普通道德人格和无道德人格是依据道德人格层次的高低来分类的。理想道德人格是最高层次的道德人格；普通道德人格是大多数人能达到的道德人格；无道德人格则是一种比较低层次的道德人格。

理想道德人格是体现道德理想典范，完美的道德人格形象。理想道德人格是对某一道德要求自觉而努力践行的程度，是建立在对道德的批判的基础上，形成独立自主的判断，明确清晰的道德观念，达到理想水平，集中体现了人类精神的崇高和高贵。普通道德人格是一种普遍的社会中大多数人在日常生活中表现出来的道德态度和道德水平。普通道德人格是一种大众的广泛

的在日常生活中表现出来的处世智慧和生活态度，是社会中起码的社会观念和态度。

每一个时代都有自身的理想道德人格。比如传统社会以立德、立功、立言为理想人格。其中，立德就是道德理想人格。当时的理想道德人格就是君子和圣人。其中君子就是具备了恭宽信敏惠等人格特点，而圣人则是具备了尽善尽美的人格；在中国历史上也出现了一些理想的道德人物，比如尧、舜、禹、汤、武、周公；孔子、王阳明、曾国藩等。他们都以其自己的道德人格修养之高而被后人所敬仰。今天理想道德人格更多体现为在社会中人与人之间能够舍己为人，甚至为了别人献出自己的生命，比如生活中的最美妈妈、最美司机、……这些最美现象就是我们今天的理想人格的代表，以及共产党员中一些全心全意为人民服务的人。传统西方道德理想人格是苏格拉底、耶稣、佛陀、穆罕默德等，还有今天的特蕾莎修女等，体现了为他人奉献的典范。

道德规范具有层次性，而道德人格也具有层次性，如中国传统儒家认为，有小人、士、君子和圣人等人格类型。普通人格是一种大众人格，是绝大多数人具有的人格特质。有学者指出普通道德人格特点包括：同情心、善意和互助。[①]

道德人格的一个重要特点是可以失去性。没一个人并不是天然的就具有道德人格，道德人格是人在社会化过程、遵守社会道德规范的结果，因此，一个人若是在社会中对基本规范不去遵守，就会丧失其人格，沦为“非人”，在人们的日常生活中，有些人被称为“禽兽”或者“禽兽不如”，往往是因为丧失了人最基本的道德要求，违背人伦，这种人就是无道德人格的人。

3.1.3 市场性人格和生产型人格

市场性人格和生产性人格是佛罗姆在《自为的人》这本书中指出的两种

① 李萍．论日常道德与理想道德，《玉溪师范学院学报》，2003年第5期。

人格。他立足于资本主义发展的时代背景。我们现在也是处于市场经济全球化的环境中。可以借用这两种人格。市场型人格“自己不能决定自己，而要由外物、由市场来裁决。他的人格塑造、学习内容、努力方向等完全取决于市场风向。他的声望、地位、成就，以及在他人眼里他所是的那个样子，替代了真正的同一感。这种情况使他完全依赖于别人对其看法，并使之继续扮演曾经使他获得成功的那个角色。假如我和我的力量被互相分离了，那我的自我确实已由我所能卖到的价格构成了”①。因此，此时个体道德人格是缺失的，因为个体自我价值的获得不是通过个体自身的情感、体验来确定，而是依赖于外物，需要他人的肯定，个体的自在价值就不存在了。而这种市场型性格的人的“价值主要不是由他所拥有的人的特性所构成的，而是由他在一种充满条件变化的竞争市场上的成功所构成的；那么他的自尊就必定不是坚定的，而且处在不断需要别人来肯定的状态之中，……如果市场的兴衰就是对人的价值的判断，那么人的尊严感和自豪感也就被消失了”②。因此，此时道德人格在内容上还是有缺陷的。这种人格其实是还没有将自我同一性包含在人格之中，也就是没有获得自我同一性的人格。是一种不健全人格，我们不能期望他有较高的道德水准。

而生产性人格是一种理想的人格取向，是应该达到的人格状态，是指这种状态是人类中一切关系的情感体验，是对自己、对他人的情感及感觉反应。因此它是一种精神，是一种体验。生产性性格的人是运用自己力量的人，是将自己的潜能（理性、爱、情感）发挥出来的人，他真正体现为人自己的创造性，是人的认识、体验、塑造，是个体自我本质力量的发展，是个体健康良好的状态。生产性人格的人是具有自我的人，这种人发展了自己的情感、

①[美]埃里希·佛罗姆.《寻找自我》，陈学明译，工人出版社，1988 年，第 94 页。

②[美]埃里希·佛罗姆.《自为的人》，万俊人译，北京：国际文化出版公司，1988 年，第 62 页。

意志和精神，发展了自己的本质力量，真切感受到作为人的魅力，是自我价值和社会价值的统一。

3.1.4 自我同一型人格、自我平衡人格和自我分裂型人格

自我同一性是道德人格的典型特征。但是在现实生活中，人们的道德人格并不是全部表现为自我同一性。根据自我同一性的程度。将道德人格分为道德同一型、道德分裂型、道德平衡型人格。道德同一型人格是一种健康的、较为完整和较为理想的人格，是指在道德人格的知行、内外、新旧之间的高度一致。知行同一，是指有道德知识并且能够将其导向外在的行为；内外同一是指外在道德形象是内在的道德本性的表现；新旧统一是指新的道德人格在旧的人格基础上合乎规律的发展，是对旧人格的扬弃。“向善”是他们一贯的如一的特点；同时这种道德人格能够与时俱进，是开放的、立体的、发展着的道德人格，能够顺应时代的发展，保持人格的“同一”。平衡型道德人格是指在内外和知行之间可能出现暂时的分裂，但是在基本总体趋势上是保持协调一致的。有时候会出现言行、内外的分裂，但是能及时地纠正和调整。随着社会变迁的加速，人们面临着变化莫测的环境，自我平衡型人格将会增加。而道德分裂型人格是指这种人在知行、内外、新旧、情理之间总是处于矛盾状态中。言行不一致，此一时彼一时，他们还认为这是道德应变性强的表现，其实这是没有形成道德自我的表现，是不真实的、虚伪的、不健康的人格。

3.2 道德人格的结构

道德人格是一个系统，包含着丰富的内容，这些内容相互结合构成了道德人格的整体结构，而一定的结构总是伴随着一定的功能。探索道德人格的结构和功能，是道德人格理论的基本问题。

3.2.1 道德人格的伦理结构

个体是处于伦理关系中的人。一定的伦理关系总是对个体的规范，当个体内化这些规范就形成了自己的人格形态。道德个体所处的关系是自我、社会和自然的关系，个体道德人格就表现在与自我关系的自尊和自我实现的人格；与社会关系的平等人格和互助人格，与自然关系的天人合一的人格层次，这是道德人格的三个方面，也是基本的道德人格内容。

（1）人与自我的关系人格内容

人与自我的关系是伦理关系的重要内容。人与自我的关系在人格中就是个体如何道德地对待自己的问题。自我在人格中是重要的内容，自我存在是道德人格存在的基础，没有自我，其他人格内容就无从依附。那何为自我？一般认为自我是身体自我和精神自我的统一。法国当代思想家埃德加·莫兰说："明显的事实是人不是由一个生物——自然层，一个心理—社会层这样两个层次重叠构成的……，每个人都是一个生物——心理——社会学的整体"[①]，身体自我是人的生物组织，这是人与动物相同的地方；精神自我是人的较高层次的社会意识和较低层次的社会心理的综合。因此，人与自我的关系就包括人与身体自我的关系，和人与精神自我的关系。这种理想人格包含内容如下。

① 个体对生命的珍重

珍重身体就是爱护自己的生命和身体。中西文化都有珍重身体的伦理思想。如佛教认为人身难得，因此，不能随意处置自己的身体，自杀是绝对不行的。老子提出了贵身、惜身的主张。"万物得一道而生"，万物包

①[法]埃德加·莫兰，《迷失的范式——人性研究》，陈一壮译，北京：北京大学出版社，1999 年，第 6 页。

括身体来自道，也应“道法自然”，应该根据生命的自然本性来惜身、贵身。老子反对名利对于身的束缚和威胁，认为名利财富是身外之物，追求名利财富就会伤害身体。他认为，追求声色之娱，贪恋罕物之欲，只能使人“目盲”“耳聋”“口爽”“心狂”“行妨”。因此人的私欲膨胀不顾一切追求名利，就会损害身体，违背自身纯净质朴是本性。儒家也重视人的身体，认为“身体发肤，受之父母，不敢毁伤”（《孝经·开宗明义》）。儒家重视亲情孝道，善待身体是“孝”的开始和表现。当然在特殊情况下，当生命与道义发生了矛盾的时候，儒家认为可以舍生取义、杀身成仁。在革命时期，不少革命志士为了革命胜利甚至付出了生命，而这种牺牲，也让其精神流传。这种人“生的伟大，死的光荣”。

在现代，我们认为珍惜身体健康是基本的伦理要求。当然肉体自我更多体现的是人的生物特性，作为伦理关系中的一方是被动的，缺乏自主意识的。但是另一方面他又是承载着主体意识的东西，而且肉体自我参与了个体的意识和心理，科学研究表明，当肉体出现重大疾病时，人的心理也会发生变化。人的生命只有一次，且是人的发展的载体，因此，理性对待身体就要珍爱这个身体自我，要养成健康良好的生活方式。对身体的关系上最极端的是反对自杀。自杀是个体蓄意或者自愿结束自己生命的行为。托马斯·阿奎那认为是对上帝的公然违抗，因为只有上帝才有意志决定生死，而不是个人自己做主，这违背的神创世的法则。康德认为人是理性存在物，人对自己有一种禁止自杀的义务。首先，自杀将人的生命作为工具。康德指出：“他就是把一个人格仅仅当作将一种可以忍受的状态一直维持到生命结束的一个手段来利用，但是人并不是事物，因而不是某种能够仅仅当作手段来使用的东西……”[①] 在这里康德指出了自杀将自己的生命仅仅当作

① 李秋零主编.《康德著作全集》，第 4 卷，北京：中国人民大学出版社，2005 年，第 437 页。

一种维持生命的手段，而不是具有自在价值，这是不道德的。同时，自杀是对人的义务的放弃。在康德看来，人是理性存在物，人之为人在于人对履行义务，坚守自己的责任，而自杀者失去了生命从根本上破坏了履行义务的条件，也抛弃了他所处的这些关系及所应承担的义务，是一种不负责的做法。最后，自杀是非理性的，不能被普遍化，否则就会为在其他情况下结束生命大开方便之门。

② 人与精神自我的关系：实现自我实现

人与肉体自我的关系只是道德人格的一部分，另一部分是个体如何对待精神自我。肉体自我是自我的载体，而真正自我则是人的精神自我。道德地对待自我更为重要的是人对精神自我发展的满足，最根本的是将自我实现作为个体的道德义务。弗洛姆说过："善就是肯定生命，展示人的力量；美德就是人对自身负责任。恶就是削弱人的力量；罪恶就是人对自己不负责任"[①]，因此对自我的责任、实现自我完善是道德人格的重要组成部分。中西方都有对自我完善重要性的论述。康德指出："单是行为不与我们人格中作为目的自身的人性相冲突是不够的，行为还必须与它相一致。如今，人性中有更大的完善性禀赋，这些禀赋就我们主体中的人性而言属于自然的目的；忽视这些禀赋，也许会与作为目的自身的人性的保存相容，但却不能与这一目的的促进相容。"[②]在康德看来，成就道德人格体现了人的根本。人性更大完善性的禀赋是指我们有善良的意志，能够成为"善人"，但是在现实生活中，人可能选择错误的道德原则，因此人必须对自己的选择负责，对自我负责任勇于承担起成为"善人"的责任。《中庸》上说："天命之谓性，率性之谓道"，"诚之者，人之道也。……诚之者，择善而固执之者也"。

① 弗罗姆 .《为自己的人》，北京：生活 · 读书 · 新知三联书店，1998 年，第 39 页。

② 李秋零主编 .《康德著作全集》，第 4 卷，北京：中国人民大学出版社，2005 年，第 438 页。

真诚地对自己是“道”，是人性之善，是君子。同时指出了面对生活中的困难挫折，人应该不断学习。激励自己、完善自己。当然在中国传统社会是伦理本位的社会，自我实现的内容一般是成就理想道德人格，即成贤成圣，在今天自我完善的道德人格是成就自己的自觉、自主、自由的人格。

（2）人与他人的关系

道德人格也展现为自我与他人的关系。此时，人格的美表现在成己与成人的统一。人不仅仅是个体，还是社会存在，社会存在表明，个体人格的完善必然涉及与他人的关系。因此，在这里，人格必然涉及如何道德的对待他人的问题。对于这个问题不同思想家提出的观点各异。比如中国的杨朱认为，拔一毛而利天下，而不为；而儒家孔子说，己欲立而立人，己欲达而达人。关键是如何理解个人与他人的关系。我们认为每一个个人都是独立的，但同时每一个人又是相互联系的。《中庸》指出，“诚者非自成己而已也，所以成物也。成己，仁也；成物，知也。性之德也，合外内之道也，故时措之宜也”。这指出成就自己的人格不仅仅是成就自己，而且也在于成就他人，这是完满的德性，这是和谐之道。在这里，“诚”就是指人格真诚，是真实的存在，对儒家来说，人格的真诚与存在的真实具有共同的内涵。[①] 他认为此完美的人格是成就自我和成就他人的统一，即实现自我价值，又肯定他人价值。

道德总是意味着一定的自我牺牲，这是道德为他的一面，这也体现了道德崇高性的一面，成人和成己是统一的，因为这不是对个体自我的否定，而在成人过程中，得到并不是否定了人性，而是得到了自我精神的升华，是人性的生活，人的真实自我的体现，是人格的力量。德国哲学家康德说：“就对于他人的义务而言，……如果没有人对他人的幸福有所贡献，但也不故意

① 杨国荣.《伦理与存在》，上海：华东师范大学出版社，2009年，第7页。

对他人的幸福有剥夺，人性固然能够存在；但如果每一个人也并不尽自己所能去力图促进他人的目的，则这毕竟只是与作为目的自身的人性的一种消极的、而非积极的一致。因为如果那个表象要在我这里产生全部影响，则作为目的自身的主体，其目的就必须也尽可能地是我的目的。”[①] 在这里，康德提出了两种对他人的义务要求，一种是消极的，即不尽自己所能去力图促进他人的目的，也就是对他人幸福的责任无所作为，这里隐含着不去伤害人的幸福的要求。另一种是积极的，也就是以成就他人作为自己的行为准则。这就将别人的幸福作为自己行为的一部分。包含在自己的行动之内，这与中国传统的“成人”的要求一致。

（3）关爱自然的人格

人与自然的关系也是伦理关系的重要内容。我们道德对待自然界形成了个体人格中重要内容。自然界是人类生存和发展的来源，人类不能离开自然界而存在。对于人与自然的关系。马克思将人与自然界的关系理解为本质上的统一，即“作为完成了的自然主义等于人道主义，而作为完成了的人道主义等于自然主义”。自然以其独特的方式确证着人之为人的规定。西方人认为自然是大宇宙，人是小宇宙，人应该效仿大宇宙，中国道家老子认为人应该道法自然。但是随着近代资本主义的发展，主客二分的价值观使得很长时间以来将人与自然对立起来，但这种对立带来的却是生态环境的恶化。这种价值观是错误的。错误的本质在于将自然和人对立起来，并且将人作为主体，自然作为受人支配的客体。因此，必须转变这种价值观。这种价值观伤害了自然，也伤害了人类，自然环境对人类的惩罚就是明证。因此，对待自然的方式体现的是个体人性，自然对人的惩罚本质上是对人性的惩罚。

① 李秋零主编，《康德著作全集》，第4卷，北京：中国人民大学出版社，2005年，第438页。

那我们应该如何道德地对待自然界？这根本上体现了个体的人性、人格。转变思维方式是关键。我们来自自然界这一客观事实，表明我们的人性应该效法自然界的本性。也就是自然的人化，是人性形成的关键。而自然的本性是关爱生命，因此人也将关爱生命纳入人格结构中，纳入人与自然的关系中。因此，我们将关爱自然作为道德人格的要求。随着人类的发展，我们认识到大自然本身有其内在的价值，因此，人类理应将自己的关爱从对人的关爱扩展到自然界。若是人将自然界视为工具，随意处置，就是将自己作为随意处置的工具，人将处于“一半是神明一半是魔鬼”的自我分裂中。

关爱自然界就是关爱自然界中的生命，就是努力使各种生命按照其自身结构自然生长；就是在生产中将环境污染降到最低，并且对环境污染进行积极有效的治理；就是自觉维护生态环境，将人和自然融为一体，就是以一颗悲天悯人之心看待自然，将自然看作是朋友，看作是人类的一分子；最终使自然界按其本性自然发展。人之为人需要人效法自然界。人效法自然，自然关爱生命，因此，人应该将关爱自然作为自己人格中的一部分。

3.2.2 道德人格的心理结构

道德人格的心理结构是道德人格的整体结构，是指由道德认知、道德情感、道德意志、道德信念和道德行为构成的统一整体。道德人格是一种精神—实践的人格，道德人格内是精神，外是行为。精神指导实践，相互联系、相互制约，缺少任何一个方面，道德人格都是不完整的。

① 道德认知

道德认知是指对于社会道德关系及处理这种关系的道德准则、规范的认识和理解。社会道德关系是道德主体与社会之间存在的有善恶评价的利益关系。道德准则和规范，是客观存在的、对社会道德关系的规范和应然判断。这是先于个体而存在的，从一出生个体是被“抛”进规则的世界，“抛”表明社会伦理规范不是个体主动选择的结果，而是无法选择的历史事实，个体只有选择并且内化，才能顺利生存下去。这样道德认知在道德人格结构中是基础作用。孔子说：“未知，焉得仁”[①]，可见对孔子来说“知”是“仁”的一个必要条件，一个不知道“知”的人是无法成为仁人的。一个“仁”者必须对应做什么有自己的理解。进而，孔子提出了“君子和而不同，小人同而不和”（《论语·子路》）的观点，指出，君子之所以能够恰当地处理好与周围人的关系，保持和谐的关系，并不是一团和气，而是独立思考的结果。小人则没有自己独立的原则和见解，只是求与别人一致，而不讲原则，最后也不能与别人保持和谐关系。同时，道德人格中的道德认知不仅仅有对道德规范的普遍知识，还要将这些道德规范的认知恰当的应用到具体的道德情境中去。孔子说:“君子之于天下也,无适也,无莫也,义与之比。”(《论语·里仁》),义者，宜也。君子，作为一个“仁”者，在遵循道德规范时候就必须坚持“义”，也就是必须坚持合宜，行为者要形成自己对合宜的理解。亚里士多德也认为，理智德性不能离开伦理情景。因此，对于作为道德人格内容的道德认知既包含着对道德规范的认识，也包含着在特定情境中对道德规范的合理应用。道德认知作为道德人格的基础，是道德情感的来源，也是道德意志和信念的前提，对道德规则的认识并且认同，才能产生对其强烈的热爱和向往的感情，坚定道德信念，最终通往道德行为。

② 道德情感

情感是人的需要是否得到满足而形成的一种内心体验。当事物满足了主体的需要，就会产生积极的肯定性情感，否则，就会产生消极性情感。道德是人的一种客观需要，因此，道德情感是人的一种客观的情感。道德情感“也叫作‘道德感’，是道德意识的重要内容之一，是人们在社会实践中伴随其

①《论语·公冶长》。

立场、观点和生活经历而形成的对现实道德关系和道德行为的好恶、爱憎等心理活动。”[①] 这里指出了道德情感是对道德关系和道德原则的好恶而产生的情感。因此，道德情感是对道德关系和原则的评价之后引起的情感，而这种评价是建立在道德理性的基础之上的。康德指出：“道德情感只是对于出自我们的行动与义务法则相一致或者相冲突这种意识的愉快或不快的易感性”[②]，道德情感是对于道德的一种敬重之情，它区别于天然的本能和消极的自负，而是一种伴随着理性而来的对道德的喜好和厌恶的高级情感体验。

道德情感是道德人格主体性的重要体现。道德情感是道德人格的重要内容。一个有德之人有对高尚的爱好和对卑贱的憎恶。亚里士多德认为，一个具有高尚行为品质的主体是“对高尚行为的真正热爱者”[③]，“一个人若不喜欢公正地做事情就没有人称之为公正的人；一个人若不喜欢慷慨的事情就没有人称他慷慨。”[④] 中国孔子也说：“仁者爱人”，“仁者，好仁好义”，也就是说“仁”者必须含有爱或者好仁好义。可见，道德人格包含着对仁等道德原则的道德情感。道德如果不进入人的情感，就会失去主体性本质。

道德认识和道德情感相互作用、相互影响。首先，道德认知是道德情感的基础。道德情感总是伴随着一定的道德理性而来，道德情感的产生依赖于主体对情感对象的认识、评价、解释，这是个体道德情感产生的决定性因素。其次，情感对道德理性的作用。一是道德情感渗透着对道德理性认知，而道德情感形成之后，对进一步的道德认知有重要作用，情感为道德认知指向，积极肯定的道德情感使得注意力指向道德情感规定的道德认识对象。舍勒甚

① 朱贻庭.《伦理学大辞典》，上海：辞书出版社，2002年，第42页。

②[德]康德.《道德形而上学》，张荣 李秋零译注，北京：中国人民大学出版社，2013年，第182页。

③[古希腊]亚里士多德，《尼各马可伦理学》，1179b9.

④[古希腊]亚里士多德，《尼各马可伦理学》，1099a16-21

至指出，“情感是认知的基础”，没有对道德的尊敬和对道德原则的热情，就不会有对其主动的认识，没有对正义的爱，就不会促使人去认识何为正义、如何才能达到正义；二是帮助打开个人脑中记忆库的大门，调动与这一道德认识对象有关的记忆储存，以利于新道德认识的形成。过去的道德情感体验为新的道德认知提供了认识动力，当个体打开了情感的阀门之后，新的认识就会进入主体的认识序列中。三是道德情感是道德认识的驱动力。对道德的热情，可以促使道德认识的深化。

③ 道德意志

道德意志是道德人格的重要部分，也是道德行为一个必要的环节。道德意志是指在道德活动中表现出来的对道德动机的评价和人们在履行义务中表现出来的克服困难的能力。道德意志包括两个方面的内容：道德决策的意志自由和执行阶段意志的强弱。一是道德意志自由。这指的是在决策阶段是否具有意志自由。在康德哲学中这不是一个问题。在康德看来，道德意志称为善良意志，最根本的特点是自由。自由是指意志在任何时候都根据义务和职责，自愿地执行道德法则。在康德看来自由意志是理性的最根本的特点，是至善。至善，是指它是绝对性、无条件性，与动物的本能无关，与任何爱好、兴趣、需求和利益无关，而只是出于对法则的遵守和服从。但康德割裂了主观和客观的关系，使得自由是主观内在的自由，是没有内容的空洞意志。他看到了在意志自由中人们自己决定自己行为的自由，但没有找到这种自由的客观基础。因为善良意志的客观内容是客观存在的道德义务而非先天理性决定的纯粹形式。二是道德意志的强弱。道德意志表现在道德的执行阶段，表现为行的力量、做的能力。在道德执行阶段，个体的道德意向往往会遇到特殊情景，成为个体道德行为过程中的阻碍或者困难，能否克服这些道德障碍，完成道德义务就是道德意志强弱的能力了。

道德意志对道德人格中有重要的作用。首先，道德意志表征着人的道德主体性的程度。“为仁由己，而由人乎哉”（《论语·颜渊》），意志自由是道德人格形成的前提和必要条件。道德意志体现了人们对自己的做人范式、人生价值和人生意义的自觉选择和思考。其次，道德意志是联系道德认识、道德情感和道德行为相互统一的纽带，真正承担起塑造道德人格的任务和保证。这主要是通过对道德动机的整合、道德目标的确立和坚持、道德行为的调节和控制等来实现道德人格的塑造。再次，道德意志保证了个人人格尊严。从伦理学上看，人格尊严来自对道德义务的无条件遵守，这就是康德所说的善良意志，也就是个体的自律精神。只有对道德义务的遵守才体现了人区别于动物的高贵性，只有对道德义务的履行才是个体被尊敬的唯一原因，道德意志是个体尊严的体现。道德人格不仅仅体现了对道德义务的遵守，而且体现了个体对责任的主动承担。孔子的“杀身成仁”、孟子的“舍生取义”，张载的“为天地立心，为生民立命，为往世继绝学，为万世开太平”的道德担当意识，都是为国为民的责任感和顽强意志，是中华民族的优秀代表和精神源泉，而每一个人在自己的工作岗位上兢兢业业、数十年如一日，也需要有顽强的意志克服人生的困难。最后，道德意志是道德境界高低的标志和道德境界形成的重要影响因素。道德境界是道德人格水平重要的标志。是个体通过道德修养达到的一种道德觉解和道德情操水平。在中国传统思想中道德境界有圣人、君子、小人等人格境界；冯友兰在《新原人》中根据人的觉解程度，提出了四种道德境界水平，即自然境界、功利境界、道德境界和天地境界。处于自然境界的人根据本能和习俗来生活，个体对人生的觉解程度最低，没有意志的作用，道德意志更加无从谈起；到了功利境界个体有了一定的觉解，将是否对自己有利作为自己行为的标准，其行为的动机和原则是自己的功利，此时功利原则成为个体意志的动力，不符合功利的原则个体就不会行动；而道德境界的个体是有较高的自我意识，有明确的道德准则意识能够在道德意志的支配下，做出道德行为。而天地境界个体对宇宙有最高的觉解，能够认识到个体与宇宙的统一，把自己看作宇宙的一分子，道德意志达到了完全的自由，个体人格达到了“天人合一”的境界。可见，道德意志既是道德境界的表现，也是道德境界形成的重要影响力量。

④ 道德信念

道德信念是对道德的信仰，是对某种道德理想、人生观和价值观的笃信，并且产生对道德义务的强烈的责任感。道德信念的形成是知情意的统一。苏霍姆林斯基认为，只有当对真理的认识和概念的认识能深沉地反映在一个人的精神世界里，成为他个人的观点，能激发出深沉的情感，同他的意志融合起来，并能在他的活动行为方式、行动举止以及待人、对己的态度中表现出来的时候，才能谈得上道德信念。因此，道德信念是知情意的统一，即道德认知、道德情感和道德意志的有机统一。其中，道德认识是道德信念形成的基础，对道德规范的真诚信服是道德信念形成的基础。道德信念是一种对道德的理性信仰，将道德对生命价值和意义诉诸人的理性，通过理性来确定道德信念的确定性、绝对性和整体性。道德情感是道德认识转化为信念的中介和核心。苏联教育学家苏霍姆林斯基认为，道德情感起着“中介”的作用，“核心”的作用，“精神支柱”和“物质基础”的作用。他说：“认识转化为信念并不是靠行为的频繁重复完成的。人的意识不是电子计算机的储存内容。认识是通过情感转化为信念的，只有引起心灵上的震动，获得心灵上的快乐和兴奋，才能带来情感转化为信念，否则信念就成为枯燥无味的空话。

理性的认识是基础，但理性是简单的、逻辑的，结果知行不统一很普遍，这就需要个体情感、意志的参与。首先，道德情感能够激发个体对内心规范和价值的情感体验，促进对道德认识的深化、扩展、理解和认同；其次，真切的道德情感，如义务感、责任感和正义感，是推动个体履行道德义务、推动道德行为的强大动力；最后，道德情感的评价作用影响个体道德信念的形成。当个体履行了自己的道德义务时就会产生由衷的满足和欢喜，这就加深了对道德规范的正确性的理解、促进个体自豪感和自尊心；反之，当个体违背道德规范时就会感到内疚和悔恨，从而抑制下一次错误行为的发生。总之，强烈的道德情感能够促使坚定道德信念的产生，是道德信念形成的中介和核心。

道德意志也是道德信念形成的影响力量。一方面，道德意志是道德信念的表现，能够在履行道德义务时克服困难，体现了顽强的意志，是道德信念坚定性的表现；另一方面，道德意志也是通往道德信念的重要驱动力。在道德认知、道德情感和道德意志的推动下，道德信念形成。道德信念形成之后，个体就可以不依赖于外物的监督和检查而直接诉诸自己的道德良心行动。此时道德个体达到自律水平。道德信念是对“自己为什么要遵守道德”这一问题的根本解答，个体道德信念将道德作为一个自我人格的有机构成，从而将道德准则作为自己的行为准则。道德信念将道德作为个体人生提供的价值导向，能够在任何时候都按照道德的要求行为，此时，道德已经具有个体人格的意义。

⑤ 道德行为习惯

道德行为习惯是道德人格形成的表现和归宿。心理学上认为，人格是个体在各种相互作用中形成的内在动力组织和相应的行为模式的统一体。内在行为模式是基础，外在行为模式是表现。人格是二者的有机统一。道德人格出于道德行为。个体掌握再多的理性知识，具备再丰富的情感体验，具有再顽强的道德意志，若不外化为行为成为习惯，道德人格的任务就没有完成，甚至被人说成是说一套做一套的“伪君子”。当然一两次的道德行为并不能说明人格的形成，人格是形成习惯，成为一种稳定的状态。道德行为习惯是指道德行为的一贯表现，已经成为其人性的一部分，存在于个体性格里面。孔子说：“克己复礼为仁，一日克己复礼，天下归仁焉。”（《论语·颜渊》）“礼”是指从礼仪规范到社会与政治行为的详细规定。“礼”代表了社会成员行动和生活的标志和仪式。奉行社会礼仪，克制自己的感官欲望，形成生活习惯的过程是仁人的塑造过程。在亚里士多德看来，伦理德性就是从“ethos”转变而来，“ethos”有风俗习惯的意思。由它而来的希腊语“êthos”（伦理）又成了“ethics”（英文“伦理”），意思是“属于品格的东西”。可见伦理德性（品格）是反复实践的结果。他指出：“我们通过做公正的事成为公正的人，通过节制成为节制的人，通过做事勇敢成为勇敢的人。”[①] 在习惯化的过程中社会风俗和礼仪逐渐内化为个体的内心。“一个人的习惯活动怎样的，这个人就是怎么样的。”好的习惯养成好的品格，坏的习惯养成坏的品格。习惯化是一个终生的过程。一两次的道德行为并不能表示出这个人的品格。毛泽东同志也说：“一个人做点好事并不难，难的是一辈子做好事”[②] 这指出了道德行为习惯不是一朝一夕能够形成的，而是长期的，甚至是一生的修养。习惯养成时，个体已经达到“从心所欲不逾矩”的境界，此时，个体已经是出自内心无须意志力调节的，完全自动化了的道德行为。这种“习惯成自然”的行动，是以稳固的动力定型为基础的，以深挚的情感为支柱的，由良心召唤的一种行动。习惯将每一个人的思想、行为、情感和体验结合成一个整体，通过记忆逐渐固定下来，从而形成自我同一。

可见，道德行为习惯与其他道德人格要素紧密相关。道德认知是道德行为的方向指导。道德认知提供了对道德必然性的认识，是道德行为自觉的基础；道德情感是道德行为的发动器，道德情感是一种更深层次的心理体验，如正义感、责任感、荣辱感、尊严感、罪恶感、自卑感，以及同情心、报复心、完善自我品德之心、嫉妒心、复仇心、关心、感恩、尊重、友爱等，这些道德情感包含着道德理性，具有强大能力，成为引发道德行为的直接原因；道德意志表现为道德行为的自我控制，此时个体根据自己的道德理想和价值观

---

①《尼各马可伦理学》，1103a34—b1。

②《毛泽东文集》，第二卷，北京：人民出版社，1993 年，第 261 页。

来选择自己的行为、调节自己的行动，抵御那些与自己理想不相符合的因素、坚持自己的道德选择、克服在道德行为过程中出现的困难和压力，最终保证道德行为的顺利实现；道德意志是一种有力的道德力量，是道德行为顺利进行的基本条件；而道德行为的重复进行形成一种稳定的样态，这就形成了一个人的道德人格。

总之，在一个道德人格中，这四个方面是缺一不可的。道德认知缺少了道德情感，就是空洞无力、甚至是抽象的，违背人性的，如中国古代的“存天理灭人欲”，就是一种盲目的对道德认知的崇尚，最终“光辉”了规则，泯灭了人性，舍本逐末，这种人格是冰冷的、苍白的、可怕的。道德情感也决定道德认知发挥作用的程度，对道德原则和道德生活的情感越强烈，道德认知的作用就会发挥得越充分。道德认知不是空虚的，而是伴随着丰富的情感因素和情感色彩。个体道德认知来源于个体的生活，而在生活中总是渗透着情感对理性的过滤和选择。一定道德认识的形成，伴随着的是道德情感这一非逻辑力量的感染。而道德情感也不能没有道德认知，道德情感是包含道德认知的情感，没有道德认知的情感则是盲目的。善良的情感要求、良好的动机、美好的愿望若是没有道德理性的指导就会出现好心办坏事的情况，产生恶劣的后果。道德意志也以道德情感为基础，道德情感对道德意志和道德行为具有驱动作用。道德意志的抉择是在道德情感的支配下进行的。同时道德意志也需要道德认知的指导，对道德的理解越深刻，道德理想越远大，个体道德情感和道德意志就越强烈。没有远大的道德理想就没有顽强的道德意志，遇到困难就容易退缩不前。因此，道德意志既需要道德理性指导，也需要道德情感的驱动。道德意志与道德情感相结合，产生了道德信念，达到道德意识和道德行为的统一。而道德行为一以贯之，最终形成稳定的行为习惯，形成道德人格。朱熹说：“方其知之，则知尚浅，既亲历其域，则知之益明。”(《性理精义》卷八）指出了道德行为习惯对于道德意识的作用，道德意识是在实践中形成的，个体道德情感也在行为习惯中产生及确认。

3.2.2 道德人格的意识结构

道德人格是一种稳定的个体精神结构，是一种稳定的精神自我结构和状态。弗留耶林指出："人格可以描述为自我意识和自我指向的能力，个人是这种自我意识和自我指向的核心"[①]抛开他将人格作为世界本原的唯心主义观点，弗留耶林看到了人格与自我的关系，即人格指向个人的自我意识。具体来说，"在更高的意义上，人格是按照任何可欲求的方向和对最高动机的充分认识来调转生活的能力。这最后一方面必须补充一下，因为最完善的自我意识包括对生活的意义、对道德职责感和义务感的一种欣赏评价，……在这种意义上，人格意味着道德的自我控制，……这是一种符合最高可能性目的之利益的最完善的自我控制。"[②]由此，我们看到弗留耶林将人格看作是一种能力，是一种以个人为核心的自我意识、自我定向和自我调节的能力。自我意识是一种人格的自觉，是一种主体的内在精神，是灵魂。自我调节能力在于人格价值关系的自觉和他为特性。也就是说人格的价值不在于为自己，而在于个人对他人和社会的贡献。从以上看到，弗留耶林将人格作为一种能力，其实是对人格功能的解释，而人格之所以具有这些功能是因为道德人格的结构要素决定的。在道德人格的精神系统中，主要有道德人格的导向因素：道德理想；道德人格的评价因素：羞耻感和道德良心；道德人格的核心因素：道德责任感。他们既是道德人格的内在结构因素，也是人格自我意识和自我指向功能的来源。

① 弗留耶林.《创造性人格》，转引自，万俊人.《现代西方伦理学史》，下卷，北京：中国人民大学出版社，2011 年，第 677 页。

② 弗留耶林.《创造性人格》，转引自，万俊人.《现代西方伦理学史》，下卷，北京：中国人民大学出版社，2011 年，第 677 页。

（1）道德理想意识——人格的方向

道德人格的行为不是受自然因果律支配的行为，而是由自己的意志和信念决定的行为，是一种合目的行为。行为的目的即是它所包含的人的理想和希望，希望是一切道德价值行为最深刻的内在动机。霍金认为："自我的确是一个行为系统，但它是从一种执着希望中突现出来的一个目的性行为系统。自我的核心是它的希望。人们在经验中所发现的一切善都有希望的色彩，而这种希望反过来又成为一切行动的目标。意义正是从这种单一的源泉中降临于具体行为之上的。"[①] 在这里，希望就是一个人的道德理想意识。道德理想意识就是对自己作为一个什么样的人的理想标准，是一个人行为的价值导向。比如现阶段，存在着大公无私的人、有损公肥私的人，还有自私自利的人等。理想源于现实，个体道德理想的产生来自个体对自己道德现状的不满和反思，反映了个体对自我道德完善程度的意识和追求，是道德主体从自己长远的、根本利益出发，对待现实的一种价值标准，

道德理想是对人的本质的确认和自由程度的反映。"如果没有自我的希望，变不存在自我，也不存在自由的自我。"[②] 由此，道德理想既体现了自我的意志，同时又是个体自由程度的反映，体现了个体对人的本质的确认。在道德理想的指导下个体行为不再是零散的、无序的，而体现为一种同一性，每一个行为在看似有限的行为中，体现出无限的意义，成为个体自我人生意义的确认。道德理想存在于每一个道德行为中，也存在于人的所有含有价值判断的行为中，同时对个体的理想系统有积极的导向、调节和统率作用。可见，道德理想体现了个体追求自我价值的巨大精神力量，是个体保持自我品格、

① 霍金.《自我及其肉体和自由》，转引自，万俊人.《现代西方伦理学史》，北京：中国人民大学出版社，第 707 页。

② 霍金.《自我及其肉体和自由》，转引自，万俊人.《现代西方伦理学史》，北京：中国人民大学出版社，第 707 页。

实现人格尊严的保证。

（2）道德的自我评价意识——羞耻心和良心

人格具有评价功能。人格可以将自我分成两个我，另一个我可以评价这个我。道德人格也可以进行自我评价，促进道德行为的发生，保证道德人格的稳定性。

① 羞耻心——道德人格的底线担保

羞耻心是道德人格的重要内容。羞耻心是道德情感的重要内容，也是个体自我意识的重要表现。道德上的羞耻心是指“一个人因自己品行的欠缺，使得自己内心产生了不道德的念头，或者作出了违背自己内心善恶、荣辱标准的行为，由此而自觉产生的一种指向自我的不光彩、不体面或自责的心理”①。因此，道德羞耻心是一种对自我道德人格的评价，是一种自我省察和自我检讨，是理想我对现实我的自我检验，尤其是当现实我与理想我存在差距，或者做出违背自我道德原则时而产生的羞愧和自责心理。羞耻心是对自己内在尊严的关注而引起的自我愧疚，这种消极的自我否定和自我折磨是对人格尊严的重要担保。因此，古代思想家对羞耻心都有重视，认为这是人之为人的基本规定之一。孟子说：“人不可以无耻”“人无羞恶之心，非人也”，没有羞耻心就解除了一切社会规范的约束，此时个人放弃了内心的谴责，外在舆论也无法作用与人，人就会为所欲为，抛弃人格尊严。因此，羞耻心的存在是人保持道德底线的保证。朱熹说：“人有耻，则能有所不为”（《朱子语类·卷十三》），有了羞耻心就有了善恶取舍的标准，就能够对自己加以约束，就知道有所为有所不为，行为就有了底线，就不会沦为“非人”。羞耻心不仅是道德人格的重要组成部分，也是道德人格存在的重要的担保。康德也说：“羞耻心是大自然的一个秘密，它为一种非常难于约束的品性设

① 汪凤炎，郑红.《荣耻心的心理学研究》，北京：人民出版社，第 89 页。

下了一道界限，而同时它自己身上又有着大自然的呼声，所以看来总是和善良的、道德的品质相协调一致的。”[①]可见羞耻心对人格的约束和对人格塑造的作用。

② 良心——人格的守护神

良心是道德人格自我评价能力的重要表现和机制。良心是主体对自身道德责任感和道德义务的一种自觉意识和强烈情感，以及在此基础上形成的对道德自我的评价能力。良心是真正自我的体现，因为良心实现了主体自我意识和普遍理性的结合，是自我之中的客观，将必然性蕴含在自我主观性中，实现了主观和客观的统一。一方面良心来源于社会伦理关系所要求的义务；另一方面良心是对这种义务的自觉意识，是主体的“绝对自我确信”，可见，良心不是被动对道德义务的服从，而是真正认同了道德义务，是在客观伦理关系基础之上内化为自身本质的组成部分，这样道德从客观走向了主观，此时主体扬起了道德规范的外在性和主体自身的感性、任意性和偶然性而达到真实自我。良心不把纯粹义务的意识当成它自己的一种与现实意识相对立的空虚尺度；相反，纯粹义务正如那与之相对立的自然一样，也是被扬弃了的环节；具体的道德精神，“在一种直接统一性中，是一种自我实现着的道德的本质，而行为，则直接是一种具体的道德的形态”[②]，“作为真实的东西，良心是希求自在自为的善和义务这种自我规定”[③]。因此良心是对人的道德性本质的确认，是人将道德作为自己存在方式的标志。

个体良心是真实的自我，是道德人格形成的重要标志。同时，良心也是道德人格的守护神。康德曾经说过，有两种东西让他为之赞叹，头上星空和心中的道德法则。卢梭也曾赞叹良心是圣洁的、来自天国的声音，是引导者

①[德]康德.《论优美感和崇高感》，何兆武译，北京：商务印书馆，2001年，第36页。
②[德]黑格尔.《精神现象学》，贺麟译，下卷，北京：商务印书馆，1987年，第149页。
③[德]黑格尔.《法哲学原理》，范扬，张企泰译，北京：商务印书馆，1982年，第141页。

是评判者，人的良心使得人升华为上帝。良心是人们意见的准绳，是人们行为的指引。

康德、卢梭对良心的赞叹指出了良心对人性的提升，指出良心是一种善良的人性，是人区别于禽兽的标志。同样良心守护着道德人格。首先，良心指导人们的行为选择。对于成人来说，良心不是外在的约束，而是其道德生活的直接选择依据。良心是道德规范的内化，因此，对于一个人来说，按照良心就是按照规则来行动。其次，良心也是一种道德评价能力。在行为前能够检查动机的纯洁性，在行为中能够监督行为的进行，在行为后具有评价功能。具体说来，行为前良心能够检测行为的动机和意向，对符合道德要求的动机予以肯定，对不符合道德要求的动机予以抑制或否定。在行为中，良心对道德情感、意志和信念进行支持和鼓励，相反予以制止和调整，保证行为的实现。行为之后，良心能够及时地评价，这种自我评价是一种自我剖析或自我审判。最后，良心对道德人格有促进作用。道德实践最好的观众是自己的良心。良心将自我和他我分离开来，用客体我分析剖析主体我，表现为：对履行了道德规范和规则的行为，主体感到了满足和自豪，相反，主体就会感到内疚、惭愧甚至是悔恨。可见，良心是道德人格的重要构件，是道德人格的守护神，只要良心存在，人格就存在。陆九渊曾经说："虽田亩之人，良心之不泯，发见于事亲从兄，应事接物之际，亦固有与圣人同者。"[①] 普通人只要具有良心就与圣人相同了。同时良心也使行为主体内心平静、灵魂安宁，产生了人格的成就感和满足感，进而促进主体进一步执着于善的真理性事业。

（3）道德责任意识

责任主要是行为主体对行为后果的担当，它是客观伦理关系对个体的要

①《陆九渊集》，卷二十二，《杂著·杂说》。

求和问责。在古汉语中，“责”“任”是分开使用的，并不连用。但古语中，“责”有多种解释，比如“责任”“负责”“责备”“索取”“责罚”等义。可见，古语中的“责”是个体必须做的行为，同时还是意味着不去做就会“责罚”，需要承担一定的后果。马克思、恩格斯认为作为现实的人，就有任务、就有使命，任务、使命就是指人的责任，它指出了作为社会关系中的人都会有责任，责任是社会角色的要求。责任是多方面比如法律责任、道德责任、个体对国家的责任、职业责任等。道德责任是最重要的一种责任，是指道德主体基于人的本质，由一定的道德关系规定的，对自然、社会、他人等应该承担的责任。人有意志自由是道德责任形成的前提和基础，当人的行为出于人的自觉、自愿时，人就需要为自己的行为后果负责任。个体道德责任是伴随着个体理性的成长而形成的。道德责任是人的一种基本的品质。康德说：“每一个在道德上有价值的人，都要有所承担，没有承担，不负任何责任的东西，不是人而是物件。”①

个体对他人和社会承担责任体现了个人从自私的自我走向社会自我，反映了本质自我。因此，道德责任意识是一种自律意识，是人对自我弱点和丑陋的超越，推动个体实现道德行为的强大思想动力。可以说，道德责任意识是人的道德自觉程度和道德境界水平的标志。

个体责任意识是自我意识中最深刻、最核心的层次。自我意识是对自己的认知、体验和评价。道德责任意识将对自我的认识从自我中心中走出来，认识到自我和社会的辩证关系，认识到自我对社会和他人的道德责任而形成的内在情感体验；此时个体逐渐将道德作为自己的需要，自主自觉地履行道德责任。因此，道德责任感强的人有较强的自我约束能力和主动承担对别人

①[德]康德.《道德形而上学原理》，苗力田译，上海：上海人民出版社，2002年第7页（代序）。

和社会的责任的意识。个体责任意识真正体现了个体存在的社会本质，是道德人格的最重要甚至是核心表现，是道德人格其他内容的基础。道德人格的三个方面相互联系、相互制约，构成了一个统一的整体，从而保持道德人格的稳定性、一致性和自我同一性。其中，道德理想是方向、目标价值导向，个体责任意识和道德的自我评价因素推动着个体将理想目标变为现实行动；道德自我评价因素是调控因素，与道德理想相结合维护着个体道德人格理想的一贯性；道德理想是道德责任意识的根本来源，一个对自己没有期望的人，是没有责任感的；而道德责任意识是道德理想的体现。总之，这三者相互结合、相互制约，形成了一个统一的系统。

3.3 道德人格的功能

在第一章中，我们立足于人的存在，认识到道德人格是人之为人的根本规定；同时人作为人格的存在，道德人格是人格系统的重要组成部分。而道德人格是整体社会的一个重要组成部分，高尚人格也有重要的社会作用。本节我们深入论述道德人格的功能和作用。

3.3.1 道德人格的个体功能

道德人格是一个活动系统，系统是一个自组织的结构，系统内部各个部分相互结合、相互制约形成一定的功能，道德人格最终体现为道德行为，对自己的行为进行引导和控制，这是道德人格的对内功能。具体说来如下：

（1）价值定向功能

价值定向功能是指道德人格规定了个体价值取向和价值目标的方向性和同一性。道德人格总是指向人们“做什么人”的判断，指向人们行为的应当。因此，道德人格含有价值判断，规定了人们价值选择方向和行为选择的目标。同时，道德人格的稳定性和同一性决定了这种价值取向的一贯性和方向的明确性。价值定向功能也规定了主体价值行为的方式和方法，手段和途径。如对个人和集体的关系上，有些人是个人主义的道德人格，有些人坚持集体主义的道德人格。个人主义道德人格在行为中就表现为一切以自己的利益为出发点，其他都作为自己行为的手段的价值取向。而集体主义的道德人格就表现在将个体的发展和社会的发展相结合，坚持为人民服务的价值取向，在个人利益和集体利益发生矛盾时，能够舍弃个人利益的行为方式。

价值定向是道德行为发生的动力。道德需要是道德行为发生的原动力。价值是事物满足自己需要的关系。价值定向也就是对这种价值形成了稳定持久的认识。因此，个体的价值定向的不同和层次体现了个体需要的不同和层次。这种价值定向是个体做出道德行为抉择的内在导引。因此，个体价值取向能够强化主体的自由意志，促使主体坚持道德行为的方向性和一贯性。

（2）自我调控功能

自我调控功能是指道德人格为了实现某种价值目标，自觉实施对道德行为的控制。自我调控功能是道德人格的重要功能，也是道德人格存在的保证。自我调控功能体现了自我意识的能力。弗留耶林认为："人格可以描述为自我意识和自我指向的能力，个人是这种自我意识和自我指向的核心，而"最高的意义上，人格是按照任何可欲求的方向和对最高动机的充分意识调转生活的能力。这最后一个必须补充一下，因为最完善的自我意识包括对生活的意义，对道德职责感和义务感的一种欣赏评价，……在这种意义上，人格意味着道德的自我控制，……"[①] 因此，道德人格是一种道德调控能力，这是道德理想和道德责任意识和道德意志的综合统一决定的。道德理想明确"可欲求的方向和最高的动机"，这是道德自我调控的方向；道德责任意识保证着道德自我调控的自觉和自主；道德意志力保证主体在行进过程中能够克服

① 万俊人.《现代西方伦理学思想史》（下），北京：中国人民大学出版社，2011 年，第 677 页。

各种困难和阻力，坚持不懈的进行。因此，道德人格的自我调控功能作用于道德行为发生的整个过程中，在行为初期能够检查行为动机的善恶，抑制不正当的欲望，保证道德理性的指导；在行为中依靠道德情感的维持和道德意志的坚持，依靠良心的监督能够保证价值目标的彻底性，为道德行为的实现保驾护航；在行为后能够分析评价此次道德行为，为下一次道德行为的发生做保证。

（3）评价功能

评价功能是指道德人格的自我评价，是指道德人格有“对自己本身的行为、道德品质、道德动机的道德感受、评判、鉴定”[①] 的能力。道德主体既是评价的主体也是评价的客体。道德人格是对道德规范的内化，本身是一种道德标准，同时道德人格内含着良心、信念和自尊心等意识，成为自我评价的主体；道德行为在过程中总是包含着动机、道德行为结果的善恶、道德意志的摇摆等，这些都成为道德评价的客体。其中良心在自我评价中扮演着重要的角色。在行为前良心具有主动调适各种具体动机的能力，在行为中良心能够保证道德意志的坚定性和道德信念的稳定性，在行为后对“善”的行为就会表现为荣誉感和崇高感，体现出责任感带来的愉悦感，而对于不符合自己价值观的行为表现为羞愧感、耻辱感、内疚感，进而对自己的行为进行谴责。道德主体的自我评价能够深入个体的动机、心灵深处，同时自我评价能够保证个人独处时的道德性。因此，道德人格的自我评价“使自己的生命活动本身变成自己的意志和意识的对象”[②]，是一种自我的约束和自律，是主动建立起对自己人生负责的基础，维护了道德人格的稳定性和持久性，促进了道德行为的顺利进行，是道德人格形成的内在机制、体现了道德水平的高低。

① 兰秀良．道德自我评价浅论，《社会科学辑刊》，1985 年第 2 期。

②《马克思恩格斯全集》，第 42 卷，北京：人民出版社，1979 年，第 96 页。

3.1.2 道德人格的社会功能

道德人格的社会功能是指高尚人格对社会的作用。道德人格不仅仅对个体的道德行为或者是个人整体有重要功能，这种功能向外辐射还有广泛的社会功能。道德人格的社会功能是指高尚道德人格对社会的重要意义。主要表现如下。

（1）育人功能

道德人格的育人功能是指高尚道德人格以其精神面貌和思想行为启迪智慧、净化心灵、提升境界。高尚人格是一本无字的书，高尚人格是无言的老师，高尚人格以其伟大的精神力量和光辉形象成为人们学习的榜样。首先，高尚道德人格往往是社会进步价值观的代表者，是历史发展规律的体现者，是将个人发展和社会发展结合起来的典范，能够明确社会主流价值取向、端正人们的价值观，促进个体人生的自觉和自知。高尚人格是对“人应该怎么样生活”这一问题的正确回答，“他诠释着人是什么，引导着人该怎样去做，以丰富人类对自己的目的性、可能性和潜在力的认识，使人的全面发展获得持久的动力”①。其次，高尚人格往往以其大公无私、崇高品德给人以心灵的震撼和心灵的滋养。高尚人格是人性光辉形象的代表者，他们感情丰沛而感人、细腻而强大能够给人以心灵的滋养和感化。因此，高尚人格能够坚定人的道德信念，促进人的道德行为的发生，提升人的境界。

（2）激励功能

激励功能是依靠道德人格的美好形象来实现的，是指这种人性的美能够激发其人们对道德人格热爱和追求。高尚人格以其人格的感染力、感召力促使人自觉自愿的模仿，促进良好社会风气的形成。道德人格具有感染力。感染力是指道德人格以其直观性的光辉形象，给人以无形的感染。这种感染是

① 黄明理，徐贵权.《伦理学原理新论》，南昌：江西人民出版社，2005年，第418页。

理性的认同和情绪上的感动，能够激发起人们对高尚人格的倾慕之情，驱动人们对道德人格的向往。道德人格的感召力是指高尚人格以其自身的美好品德引发人们的共鸣，形成无权威的权威、激励人的团结协作，形成良好社会风尚。

（3）预见功能

道德人格的预见功能是指道德人格状况体现着社会的发展面貌。从性质上说，任何一个社会总是表现为三种道德形态：过时道德形态、顺势道德形态和先进道德形态。与此相应的，当个体内化道德形态成为道德人格时，就表现为先进道德人格、腐朽没落道德人格和居中道德人格。这是任何一个社会都客观存在的道德人格形态。这三种道德人格形态的比例表明了社会总体的发展面貌和道德水平。当社会处于上升、发展阶段时，先进道德人格居多，或者先进道德人格的能够对人们有有效的感召力，即使个体暂时达不到，社会成员对他们的道德人格表示尊敬和向往。而当社会处于道德滑坡时，高尚道德人格往往得不到人们的认可，一些善良正直的行为被其他人认为是“傻子”的表现，此时社会是中人或者是小人横行的社会，社会道德风貌低下，江河日下，人心不古，社会道德处于退步之中。这就需要对社会道德进行引导，促进顺势道德形态和先进道德形态居于社会的主流，这才是社会有序发展的保障。

第4章　道德人格的发展

4.1 道德人格的历史演变

道德人格是社会历史的产物。马克思认为："个人怎样表现自己的生命，他们自己就是怎样。因此，他们是什么样的，这同他们的生产是一致的—既和他们生产什么一致，又和他们怎样生产一致。因而，个人是什么样的，这取决于他们进行生产的物质条件。"[①] 这从根本上阐述了人格直接决定于人们的经济方式和经济关系。因此，原始的社会形态下形成的道德人格与自然经济下的道德人格及现代工业条件下的道德人格极其不同。这个发展进程也伴随着个体自由程度逐渐增强，人逐渐摆脱对自然界和社会关系的依附，迈向自由人格。我们根据马克思人的依赖关系理论，认为在历史上的道德人格依次经过了自然人格—依附人格—独立人格—自由人格的历史演变过程，其发展程度也是逐渐从自然迈向自觉，逐渐从自觉迈向自由的过程。

4.1.1 自然人格

自然道德人格是原始社会的道德人格。在原始社会，人类刚刚从猿类中分离出来成了人，结成了氏族部落。此时社会生产力还很低下，个体几乎没有单独的生产能力直接从自然界中获得生存资料来满足自己的物质需要，为了应付强大的自然界，人需要以集体的形式来应对恶劣的自然环境。此时人

①《马克思恩格斯选集》，第一卷，北京：人民出版社，2012年，第147页。

完全依赖于集体，个体还不能将自我与他人分别开来。黑格尔认为此时人的自我意识处于“无差别的自我”的状态，人与人之间形成的是原始、平等互助的关系，这种平等互助还不是建立在独立人格基础之上的平等，而是一种原始群体内部的平等，是与低下的生产力相联系的，否则无以生存。因此原始人形成的道德人格是一种自然道德人格。

自然道德人格是指当时个体道德人格自觉性还不强，甚至道德规范还不明显，个体较多表现为人的自然属性，人的社会属性尚不明确。在很长一段时间内，原始社会没有明确的道德规范，并没有掌握自觉主动调节社会关系的能力。以性道德为例，性道德体现了人类脱离动物性的重要方面（甚至是最重要的一个方面）。人类学家巴霍芬认为，在原始社会早期，人们之间存在着毫无限制的性关系（杂婚）的形式。

随着历史的发展，人类学家和史学家的研究表明，原始禁忌是社会规范的最早形态。苏联学者、苏联法学家雅维茨在其《法的一般理论——哲学和社会问题》一书指出，在遥远的过去，单纯依靠禁忌调整人们的相互关系，是规范人们行为的最初和最低级的形式。是“不发达的原始时代思维所特有的观念的综合”①，禁忌以否定的形式意识到集体共同利益的存在，是人类集体意识的初步觉醒。

禁忌的出现与低下的生产力水平和原始人简单原始的思维水平和有限的知识水平有关。原始人对自己周围变化莫测的环境和自己的恶劣遭遇懵懂无知，电闪雷鸣、狂风暴雨往往不被看作是自然现象，而是把它们看作是神灵的发威，并将其与自己的生产活动联系起来，将其归结为是自己的活动触犯了神灵的结果。这样，他们将禁忌作为自己生活的规范。根据民俗学家的记叙，

①[苏联]伊·谢·康.《伦理学辞典》，王荫庭等译，兰州：甘肃人民出版社，1984 年，第 187 页。

印第安人如果在猎取鲸鱼时发生不幸，他们就坚定地认为是狩猎中的人违反了性禁忌，他们还会找寻这个肇事者，并严厉惩处他。最初的禁忌主要是性禁忌、食品禁忌等。

作为伦理规范的禁忌总是指“禁止做什么”，而且还伴随着的是违背之后的严重的惩罚：如天谴、死亡等。这种禁忌有两个特点：一、原始禁忌不是诉诸人的理性，而是诉诸人心理的恐惧性，是非理性的恐惧。禁忌是与“某种可怕的，极端危险的，同时也是有诱惑力的，神圣不可侵犯的东西的恐惧感联系在一起，并以此为前提的。对于这种恐惧，无须作任何解释或说明，也不需要人们去加以理解和论证。”[①]因此，禁忌作为“不能做什么”的规定，不是建立在合理与否的基础上，也不诉诸证明，原始人不去探究原因，而且也没能力探究原因。同时这种禁忌具有自发性，是限制在一定时期、一定范围内的禁止行为。这样，原始人在行为上表现为肤浅性和盲从性。二、禁忌具有神圣性，有极强的约束力。在原始人的心目中，禁忌具有宗教一样的神圣性和不可违抗性，若违抗了则会造成极大的心理负担和压力。因此，禁忌是非理性的、不可选择的、是他律的（甚至具有神的威慑力），这表现了原始人道德人格中蒙昧性。同时这种规范还具有双重标准性，禁忌主要是对本氏族成员的，而对外部群体人员则不是如此了。如原始人在打鱼时期禁止与妻子发生性关系，但却可以与外来的俘虏任意发生性关系。这就是，每一个集体都有其自身的道德，这种道德规范仅仅对它自己的成员有效。而对集体以外的人，则无论集体中的肯定规范还是否定规范，都一律无效。可见，原始人的道德人格中还是有相当大的狭隘性。同时原始人结成一定的关系为生存而斗争，在氏族内部能形成互爱、互助的朴素道德情感，但是面对敌人时，往往将其杀害，具有血腥和残暴性。这也说明了原始人道德人格还有很大的

①[法]恩斯特·卡西尔.《人论》，甘阳译，上海：上海译文出版社，1985年，第138页。

自然性、非理性、排外性；理性、自觉、自主的道德人格远没有形成。

4.1.2 依附人格

随着生产力的发展，人类从混沌状态进入差别、对立和斗争的状态，人类从蒙昧转向了文明。人类分裂为两个对立的阶级，进入了“人对人的依赖”阶段。这个阶段在人类历史上包括奴隶社会和封建社会两个时期。经济上占统治地位的阶级，总是寻求政治或者文化上的统治地位。统治阶级拥有政治上的统治权和思想文化上的霸权，被统治阶级则处于经济、政治、文化上的依附地位。这种依附人格在统治阶级或者被统治阶级身上有不同的表现。

首先，统治阶级的依附人格。在中国，奴隶社会和封建社会里都有一个最高的统治者，即王、后或者皇帝，他们以自己是上天的代表而自居，具有绝对的自由意志，但他们并不具有自由人格。第一，封建世袭制度使他们生下来就没有选择地做了皇帝，这并不是他们主观选择的结果，如南唐后主李煜，生在帝王家，做了皇帝，但并无心政治，而在辞赋方面取得较高造诣；这种皇帝还有不少，如法国路易十五爱做锁等。第二，不受限制的自由意志并不代表自由。自由总是对规律认识基础之上的，而任意妄为的皇帝并不代表其自由，反而是其人格不自由和任性的表现。同时君主权力不受约束，更是将其性格中的任性、自私和猜忌等人性弱点而无限扩大，往往不能处事公正、大公无私、道德中庸等。自由是将自己的类本质包含在自身中，皇帝的任性并没有将普遍性包含在自我之中，并不是真正自由的人。同时统治阶级也是依附于被统治阶级的。统治阶级在物质上是受被统治阶级制约的，统治阶级不生产自己的劳动成果而依附于被统治阶级的劳动。

其次，被统治阶级的依附人格。被统治阶级是社会中的大多数，与统治阶级相对，他们形成了依附人格。依附道德人格是指个体没有独立意志，是依赖性、服从性和被动性的人格。中国古代的依附关系表现在个体对宗法规范和社会伦理关系的依附，而西方传统社会则表现出个体对宗教神（如上帝）的依附。

中国依附人格的形成是与当时的经济结构、政治结构和思想文化密切相关的。

（1）经济结构的原因

中国传统社会经济结构是建立在自给自足的自然经济基础上的，一家一户的小农经济是其基本的组织形式。男性家长在家庭生产中有组织和协调作用，其他家庭成员必须服从其安排才能保证不违天时，生产顺利进行。在自然经济条件下，土地是基本的生产资料，从事劳动是大多数人的谋生手段，广大农民通过依附土地来生存。而土地属于统治阶级的私有财产，农民没有或者仅有少量的土地，需要依靠租赁地主的土地来生活。生产资料的依附是人身依附关系的基础。有土地者成为被依附者，没有土地者成为依附者。同时自然经济形态具有超常的稳定性，人们的交际范围局限在狭窄视野内，封闭的环境、凝固的自我意识，使个体无主动性、无创造性和无超越性，依附人格延续了几千年。

（2）政治结构的原因

传统中国进入国家的方式与西方不同，直接从氏族社会进入国家，保留了浓厚的血缘宗法的痕迹。中国奴隶社会是宗法奴隶制，封建社会是宗法封建制，形成了家国同构的社会结构模式。国与家相通，君权和夫权相通。①

家是国的根基，国是家的扩大。理想的官吏被称为父母官，理想的皇帝被称为“慈父”。家父是家庭的家长，君主国家的家长。家庭和国家的治理结构是一致的。国的统治秩序是家的伦理秩序的推广，国家内部成员关系是家内部伦理关系的推广；君臣间的政治关系与父子间的伦理关系也是同构的。

① 王亚南.《中国官僚政治研究》，北京：中国社会科学出版社，1981 年，第 130 页。

处理家庭内部伦理关系的原则是“孝”，主要是指子女对父母的道德义务，即“孝顺”“无逆”强调子女对父母的绝对服从；在孝的基础上产生了处理君臣关系的规范即“忠”，强调君的绝对主导和臣的绝对服从。整个社会形成了以血缘为基础，以宗法制度为核心的长幼有序、贵贱有等、尊卑有序的等级制度。以忠孝伦理为核心，形成了“君为臣纲、父为子纲、夫为妻纲”的三纲和“礼义仁智信”的五常，还有“六顺”“七教”“十义”等一系列烦琐和严密的封建伦理规范。君主、长官、父亲、丈夫的意志要凌驾于臣子、下属、孩子、妻子之上，自己没有独立的地位，整个社会形成了一种上下依附关系。这种社会环境下就形成了以服从为美德，对上一级忠贞不贰、俯首听命、唯命是从的顺民和奴才，也即依附人格。

（3）统治阶级伦理思想的影响

伦理思想对道德人格的塑造有重要的意义。中国传统伦理思想中不乏培养人的独立人格思想。如孔子的“孔颜乐处”、孟子的“浩然正气”“大丈夫”思想等，但这些伦理思想在封建专制等级制度下并没有成为个体道德人格的主导。除了一些知识分子表现出一些此种性格外，并没有成为国民的性格。相反董仲舒制定的“三纲五常”成为社会意识形态，宋代朱熹建立了“修己治人”的行为规范原则。随着封建集权的加强和专制制度的强化，到了宋代礼教完全成了维护封建统治的工具，“饿死事小失节事大”的规范，说明了此时道德已经异化为与人性相违背的东西，失去了其合理性。

在西方随着战争的发生和人们苦难的加剧，个体将目光从现实转向了天国。人们希望从宗教的救赎中获得安顿人生的慰藉。这就形成了中世纪宗教人格特色。这种人格是用“神格”来统领人格，把人格归于一个神圣的神的“位格”。人匍匐于神的脚下。人格依附于神格。基督教认为人是生而有原罪的不自由的存在，而只有神是最高的存在和最高的善。神格是至高无上的，它统摄着整个宇宙。神是自在的无原因的存在，人是有限的，有罪的存在。

相对于神，人是有限的人格。实际上，宗教是颠倒了的世界观，神格是人格的放大，正如费尔巴哈所说的："神学之本质是人本学"[①]，而基督教人格是一种异化的人格，其贬低人性，宣传一种逆来顺受和"禁欲"等观念，导致了人的懦弱、自卑、屈辱、顺从和自甘顺从等人格特征。

4.1.3 独立人格与物化人格

随着生产力的发展，人类迈进了世界历史时期。地理大发现和新航路的开辟，为资本主义的发展开辟了道路，而文艺复兴运动和宗教改革运动则为历史新时期的到来开辟了思想文化的先锋。当历史的车轮进入了资本主义时期，人格发展也从依附人格迈向了独立人格时期。这种独立人格首先是西方资本主义的市场经济发展的结果。马克思、恩格斯在《共产党宣言》中指出：资本主义的到来将一切宗法关系都打破了，人们之间形成了赤裸裸的金钱关系。这指出了资本主义的到来，一方面使人们从封建关系的束缚中解放出来，形成了独立人格；另一方面导致了从人对人的依赖转向人对物的依赖，"将人的尊严变成了人的交换价值"。因此，这种人格是独立人格和物化人格的统一。

市场经济是资本主义社会的商品经济形式，这是商品经济的高级形态，是市场在资源配置中起基础作用的经济。市场经济的发展促进了独立人格的发展。首先，市场经济的发展将人从等级依附人格中解放出来。在自然经济形式下个人依附于土地和社会共同体实现自己的需要；在市场经济条件下个体作为独立自主的市场主体实现自己的需要。市场经济与自然经济的一个重要的差别是社会分工。首先，分工促进了个体依附人格的解放。社会分工是商品经济产生的前提，分工造成了两个结果：一是个人的"孤立化"，每一个人只做分内的工作，个体从集体劳动中分离出来，这就减少了对共同体的

①[德]费尔巴哈.《基督教的本质》，北京：商务印书馆，1985年，第5页。

依附；二是分工使得个体脱离自然共同体和等级从属、依附关系的束缚，以独立的姿态进入市场。分工使商品属于不同的所有者，这是交换的前提。商品是天生的平等派和西尼克派。[①]决定了商品交换的原则是商品的价值相等原则，而与交换人的地位、身份和阶级无关。作为商品的所有者，个体以自己的独立意志、自主决定、自我负责的平等身份进入市场。因此，市场经济与个体独立人格是一体的。其次，市场经济孕育了独立人格。追求利益最大化是市场经济主体的最大目的。市场经济的优胜劣汰机制和选择机制是一种能力机制，而在市场经济条件下保护个体的私有财产，只要市场主体在法律允许的范围内都可以自由选择相应的生产经营活动。在经济方式和经营策略，不受任何人或者组织强制干预的。因此，这就最大限度地保障了个体的积极性和主动性，促进了个体主体性的发展和独立人格的发展。第三，市场经济将简单的交换变为普遍的交往关系，在自然经济条件下人的交换是局部和偶然的，而资本扩张的本性将世界市场联系起来，人进入世界历史中，这样个体就从传统狭小、封闭的状态中解放出来，形成全面普遍的的交往关系。

这种独立人格具有两重性：一方面使人从人对人的依附关系中解放出来，另一方面使得人进入了对物的依赖关系之中，形成了物化人格。这是由资本主义商品生产的异化导致的。从本质上说，商品生产是为了满足人的需要而存在的生产形式，但在资本主义社会里，资本家是为生产而生产，商品生产不是为了满足人的需要，而是为了财富，财富成为支配人们生产的动力和目的。商品生产把人与人之间的关系变为了物与物之间的关系。这是由资本主义社会生产的特点决定的。资本主义生产过程是由工人和资本家来完成的。工人和资本家在资本主义社会都是经济范畴的人格化。工人是劳动的人格化，资本家是资本的人格化。对工人来说，马克思指出：“劳动在雇佣工人身上

①《马克思恩格斯全集》.第 44 卷，北京：人民出版社，2001 年，第 104 页。

人格化了。”对于工人来说，工人只有成为被雇佣者才是工人，即工人只有成为被剥削者的时候才是工人。而作为雇佣劳动者工人受物的支配是不自主的，一方面是受机器的支配，机器不是工人支配的，而是受资本家支配的生产资料，不是工人支配工人的劳动，而是机器支配工人的劳动；另一方面，工人受着资本家的奴役，从生产环节到生产方式、再到生产产品的分配，都是资本家说了算，工人是不自主的；同样对于资本家来说，生产的目的不是实现自己本质力量而是实现利润的最大化。马克思说：“作为人格化的资本，他是为生产而生产，想为发财而发财。”[①]资本家在执行资本的无声命令，他同工人一样，也是充当物的奴隶。因此，资本主义社会物具有了特殊的功能和地位，人则逐渐丧失了自己的尊严和地位。人的价值的下降和物的价值的上升，人与人之间的关系变成了物与物之间关系。资本主义的关系已经变成了纯粹的金钱关系。一切东西都可以用来交换，成为商品，比如良心，名誉等，他们竟然取得了商品的形式，具有了交换价值。人的价值让位给物的价值，金钱的价值代替人的价值。也就是说在商品经济条件下，人必须受外在的物的法则影响，而不是人的内在的法则。物的法则代替了人的法则。因此，在资本主义社会人虽然摆脱了对人的依赖关系，但是却摆脱不了对物的依赖关系。因此，此阶段独立人格是有限的，人格还没有达到自主性，还摆脱不了依附的阴影。

这时期，一些思想家在反封建、反神权的斗争中提出了自己的人格平等思想。其中最著名的是天赋人权说。如法国启蒙思想家卢梭（1712—1778）和伏尔泰（1694—1778）都主张天赋人权，认为人生来就是自由和平等的，一切人都有追求生存和幸福的权利，这种权利是天赋平等的，不能被剥夺。人应该从神的束缚中走出来。德国哲学家康德是最早对独立人格进行阐述的

①《马克思恩格斯全集》，第26卷（I），北京：人民出版社，1973年，第292页。

哲学家。康德的“哥白尼革命”[①]扭转了认识论的转向，也对形而上学产生了积极深远的影响。一方面通过主体的先天认识形式为科学知识提供了普遍必然性；另一方面将人的理性认识能力做了限制，但是为人的理性实践能力也即自由开辟了广阔道路。康德认为，正如物包括物自体和现象一样，人也如此。人是双重世界的存在物，既是感性世界的存在物也是理性世界的存在物。而人区别于动物的地方就是人是理性存在物，而人格将人从动物中提升出来，康德认为人格“使人超越自己（作为感觉世界的一部分）的东西，就是将他与只有知性才能思想的事物联结起来的东西，而这种秩序同时凌驾于整个感觉世界之上，……它不是任何别的东西，只是人格而已，亦即超越了整个自然的机械作用的自由和独立，而这种自由和独立同时还被看作是存在者委身于特殊的、即由他自己的理性所给予的纯粹实践法则的能力，……”[②]在这里指出了人格的属性是自由和独立，而这种独立人格来自人的理性，理性是一种自我立法的能力，体现了人的自由。“唯有自由概念，才允许我们不必舍己外求，就能给‘受制约者’和‘属感性者’发现出‘无制约者’和‘属理性者’。因为正是我们的理性自己借着最高的不受制约的法则，通过那自觉到这个法则的存在者（即我们的人格），认识到自己是属于纯粹悟性世界，并且甚至还决定了它作为那样一种存在者所能够发生行为的方式。”[③]因此，人的理性自律是独立人格存在的基础。同时这最终规定了人的尊严，是人的无限价值的体现。康德将独立人格奠基在人的理性自律上，最根本的是确立“人是目的”这一人文主义精神。康德认为因为人是理性存在者，因此，任何时候都应该按照普遍理性法则而行动，任何人都不能将别人当作手段，只

① 这是认识论领域的革命，康德认为认识不是知识符合对象，而是对象要符合人的先天认识形式。康德以此来调和经验论和唯理论之争。

②[德]康德.《实践理性批判》，韩水法译，北京：商务印书馆，2010 年，第 94 页。

③ 同上，107 页。

能当作目的。这体现了康德鲜明的人文主义口号。人格平等，互相尊重是其逻辑结果。这相对于宗教神格将人作为婢女是历史的极大进步，但是在资本主义社会资本家和工人的都变成了物化的人格，物的价值超越了人的价值，人们不是尊重人，而是尊重物——货币和金钱。因此，康德的独立人格思想是熠熠生辉的，但在当时条件下是实现不了的。但其独立人格思想彰显了人的尊严和价值，是人类思想宝库中永久的财富。

4.1.4 自由人格

道德人格的演进与人的自由程度是相辅相成的。人类历史在很长一段历史时期里，受自然界的约束或阶级关系的约束，道德人格或者表现为愚昧，或者表现为依附人格，真正独立、自主的道德人格还没有实现。而只有到了社会主义、共产主义社会，生产力巨大发展和生产关系解放之后，个体道德人格才表现为自由人格。马克思在《1844 年经济学哲学手稿》中指出，共产主义“作为完成了的自然主义，等于人道主义，而作为完成了的人道主义，等于自然主义，它是人和自然界之间、人和人之间的矛盾的真正解决。”①

此时，伴随着公有制和生产力的巨大发展、人们扬弃了人与自然界和社会关系的对立，人与自然界、社会关系的矛盾得到了真正的解决，人真正实现了人的存在，人真正成了自然界和社会关系的主人，进入了自主自觉地创造历史的阶段。自然是人无机的身体和人的本质力量发挥的场所，人对自然达到和谐统一，自然善人性美；同时人真正成为社会关系的主人，人与社会真正实现了统一，实现了的社会本质。真正的人的道德开始出现，道德扬弃了对人的异化，成为个人本质力量的确认。共产主义社会是通过人并且为了人对人的本质的真正占有，这恰恰就是人的解放，就是自由。

在马克思看来，只有到了自主的社会形态才实现了真正的道德人格。这

①《马克思恩格斯全集》，第四十二卷，北京：人民出版社，1979 年，第 120 页。

种形态是“建立在个人的全面发展和他们共同的社会生产能力成为他们的社会财富这一基础上的自由个性”①。在此阶段，人摆脱了对自然界和社会关系的束缚，达到了的社会关系的和谐，这是真正的人的生存状态。恩格斯曾指出：“代替那存在着阶级和阶级对立的资产阶级旧社会的，将是这样一个联合体，在那里，每个人的自由发展是一切人的自由发展的条件。”②在这里，马克思指出了道德人格实现的条件。在共产主义社会里，生产资料公有制，人与人之间消灭了阶级和阶级对立，人与人之间形成的是真实的关系，相互独立而又相互依赖，而这种依赖是在人的自由自觉的状态下的对他人的依赖性存在。马克思认为分工的发展导致了人的利益的差别和对抗，这样就形成了人的依赖关系（包括对社会关系的依赖和对物的依赖），而共产主义社会取消了分工，每一个人根据自己兴趣和爱好安排自己的活动，整个社会调节着生产。每个人打破了自己的职业划分对自己个性和人格的束缚。生产资料公有制保证了每个成员能够拥有平等的机会自愿地去选择自己感兴趣的工作，社会成员在自主选择中培养他们的主体意识。“人的发展成为一切人发展的条件”，人能将他人作为手段和目的的统一，人与自然、社会的矛盾得到了真正的解决。共产主义道德规范成为社会调节的主要的方式，一切法律和政治机器变为次要的调节手段。那时人们的觉悟极大提高，集体成为真实的集体，集体主义和为人民服务成为个体道德人格的核心。人类达到了对自我的解放，是人对人的本质真正占有。

4.2 个体道德人格的发展

道德人格的个体发展是指个体从自然人成长为一个道德人的问题，在这

①《马克思恩格斯全集》，第 46 卷（上），北京：人民出版社，1979 年，第 104 页。

②《马克思恩格斯全集》，第 39 卷，北京：人民出版社，1974 年，第 189 页。

里主要是探讨道德人格发展的阶段及个体发展的内在机制。

4.2.1 各学科对道德人格发展阶段的论述

（1）认知学派的道德人格阶段说

认知学派主要是研究人的道德判断的发展阶段，侧重于人的公正判断的发展。认知学派基本认为儿童的道德发展与其思维和认知水平发展是同步的。皮亚杰和科尔伯格是两位杰出代表。

皮亚杰是社会认知发展学派的开创者。他认为儿童的道德判断是随着逻辑思维的发展而发展的。与儿童的思维发展相适应，其道德发展经历了几个阶段：自我中心阶段（2~7 岁），这是表象思维阶段，此时儿童根据行为后果而不是根据意图来判断责任的大小，此阶段也称为道德实在阶段；具体运算时期（7~11 岁），此时儿童表现为互相尊敬、以平等为主要特征的公正感得到发展，平等是至高无上的原则；形式运算阶段（11~15 岁），此时儿童将公道原则作为道德判断的基础，基本形成了自己的价值标准，形成了互相尊敬的道德人格，是一种善的自律道德。皮亚杰认为协作是儿童道德发展的根本动力。

科尔伯格运用社会认知—发展的研究方法研究人的道德发展，认为理性是道德发展的唯一决定因素，道德判断能力水平是道德发展水平的标志。随着儿童的认知能力的发展，其道德发展经历了“三个阶段六个水平”即：①前习俗水平：包括惩罚与服从的定向阶段和个人主义工具道德阶段。惩罚服从阶段是他律道德水平时期，在此阶段个体将权威作为道德评判的标准，是由于害怕惩罚而不是由地位相同者合作来确定事情的对错。在个人主义的工具道德水平阶段，个体意识到每个人都追求自己的利益，即不同个体对他们的公正主张可以不同但同样有效。此阶段认为规范并没有实在的价值，而是为了保证平等和互惠。因此，这一水平又称工具相对主义阶段。统计学表明，“九岁以下的儿童、部分青少年，大多数少年犯和成年犯都处于前习俗水平这一阶段。②习俗道德水平：包括人际关系的和谐或“好孩子”的定向阶段和“法律和秩序”的定向阶段；人际关系和谐阶段将道德理解为人际关系中的个体共同持有的预期。此阶段将道德理解为超越平等交换的思维以维持人际关系、预期的相互性、感激和责任感。“法律和秩序”定向阶段将道德看作是维持整体社会秩序的需要。此阶段认为社会系统是一套公平地运用于所有成员的一致的准则和程序。只有当个体的利益与维持整体的社会道德系统相一致的时候，追求个体的利益才被认为是合理的。[①] 此阶段道德判断是根据制度或系统（比如法律与社会制度、道德与宗教制度）做出的。③后习俗道德水平：包括社会契约的定向阶段和普遍性伦理原则的定向阶段。在道德契约定向阶段中，社会被认为是为了维持和保护基本的人权，合作和协议是社会的基础。规范是为了保护个体权利和福利的最大化，是自由个体通过协议过程而建立的；普遍性伦理原则定向阶段则把所有的人看作是自由、平等自主的人，要平等地考虑到道德决策将会影响到每个人的观点和主张。此阶段的人倾向于运用一条或更多的普遍原则去做出决定，做出的行为要使所有相关个体的共享福利、普遍的人类关怀或爱的态度最大化。此阶段不仅仅指向达成契约或者协议的过程，而且被指向达成协议的基础——程序的公正性。[②] 科尔伯格通过对两难问题的设置，根据人们判断问题的标准，对人的道德发展阶段进行了归纳和描述，指明了道德认知发展的过程，为道德人格的发展阶段提供了借鉴。

道德类型理论是当代道德认知理论的一个新发展，代表人物是莱斯特和斯蒂芬·托马。这一理论将道德认知理论深化，认为个体道德发展就是道德

①[美] L.科尔伯格.《道德发展心理学——道德阶段的本质与确认》，郭本禹等译，上海：华东师范大学出版社，2004 年，第 609 页。

②[美] L.科尔伯格.《道德发展心理学——道德阶段的本质与确认》，郭本禹等译，上海：华东师范大学出版社，2004 年，615 页。

思维图式的转换分配。一般有三种思维方式：个人利益图式、保持规范图式和后习俗图式。不同年龄阶段和道德发展阶段的人表现为不同的道德思维模式。莱斯特根据使用这三种图式的频率，提出了6种道德判断类型，即第一个图示是巩固阶段，第二个图式是两个图式之间的过渡阶段，依次类推。这六种道德判断是按照顺序发展的，巩固阶段是1、4、6，过渡阶段是2、3、5。托马在莱特斯的基础上做了更加细致的划分，将道德类型增加为7种。此外，道德类型的发展并不一定代表道德人格的较高水平。在过渡阶段道德判断往往不稳定。

道德认知学派对道德的发展阶段进行了有益的探索，但其偏重道德认知的发展，认为道德认知的发展是道德人格发展的主要动力和影响因素，是道德人格发展水平的标志，被很多人批评。如：道德认知并不一定有道德行为，因此仅仅用道德认知代表个体道德发展水平是有缺陷的；同时人的道德发展不仅仅是道德判断力的发展，还包括关怀、感激、同情等道德情感体验的发展，道德认知发展理论忽视了这些内容的发展。但不能否认，人的道德认知和道德判断能力能够反映人的道德境界和水平，苏格拉底提出的“知识即美德”也有这方面的意思。

（2）道德情感学派的道德人格发展理论

情感主义道德学派是18世纪著名学派，其基本观点认为情感是道德的基础。沙伯茨伯利认为，人性中有一种道德感，这是个人道德的来源；《道德同情论》的作者亚当·斯密认为人有一种同情感，这是道德产生的源泉。虽然这种观点是唯心主义的，但认识到了情感在个体道德中的重要作用。弗洛伊德就将情感看作是人格的核心，他认为，内疚、羞耻、良心等在从本我到超我的转变过程中发挥着重要的作用，而詹姆斯·威尔逊认为道德来源于人在进化过程中出现的道德感，这是大多数人道德实践的动力。应该在道德情感和内在社交能力基础上构建个体的道德，由道德情感和道德行为形成的道德敏感性是道德责任水平的标志。[①] 凯根认为人们的道德标准是由人们的道德情感的反应强度决定的，这种强度是道德行为和习俗行为区分的标准。道德的内容与人们的愉快和不愉快的情感有重要关系。霍夫曼对移情的研究是道德情感发展理论中的奇葩。他认为移情是道德发展的核心。道德情感（倾向）是通往道德行为的动机。道德动机的主要来源是移情。移情是一种情感反应，它不一定和另一个人的情感状态完全相同，更主要的是对另一个人的境遇而不是对自己境遇的反应。霍夫曼认为个体移情的发展经历了四个阶段：1. 第一个阶段是婴儿（第一年），感到全身性的焦虑，此时个体感情和其他人的感情是混杂在一起的，其他人哭泣等动作很容易引起其反应。2. 第二个阶段是"自我中心的"移情阶段。此时，个体将自我与他人分开，但还不能将自我情绪和他人分开。3. 第三个阶段是"对另一个人生活状况的移情"。出现在儿童晚期。此时儿童出现了角色采择能力，个体能够将自己的感情与其他人的感情区分开来，并且能够体验到更多的情感。如：失望、背叛感等。4. 第四个阶段是出现在童年期晚期，是"对另一个人生活状况的移情"，此阶段随着儿童认知能力的提高，他不仅仅能够将自己区分开来，能在自己熟悉的情境中体验到移情，而且能在自己不熟悉的人和群体生活的环境中体验到移情。移情的发展也表明了道德的发展。

弗洛伊德也认为道德情感是人格的中心。他将人格分为三个部分：本我、自我和超我。本我是婴儿期的人格，是受生物本能决定的，是人格中的自私的部分，本我遵循快乐原则，追求欲望的满足而不管社会规则的约束。自我是指 2~4 岁的儿童，自我遵循现实原则，这时候个体认识到行为要考虑后果，个体是受约束的。自我还是个体与世界的调节者，调节本我与世界的紧张来

①［美］L. 科尔伯格.《道德发展心理学——道德阶段的本质与确认》，郭本禹等译，上海：华东师范大学出版社，2004 年，第 231 页。

满足其需要。大约在 5 岁时候，超我开始形成。这是道德人格形成的标志。超我是道德人格，代表社会的标准和价值观，包括两个重要的组成部分：良心和自我理想。良心的发展也经历了几个阶段："坏良心"阶段，这是因为害怕失去爱而不干坏事的良心，即害怕被人发现、遭受惩罚而不干坏事；"真正的良心"阶段，此时在人格结构中已经形成了超我，它将道德良心内化之后，主动自觉地不去做坏事，不是迫于对外界权威的恐惧，而是对超我的恐惧。

（3）道德同一性的发展阶段理论

道德同一性是道德人格的重要表现。在道德心理学上，道德同一性是个体道德自我意识的体现，是个人对自我的道德定向，表现个人的道德信仰、道德理想。它包括两个部分：道德自我认同和道德社会认同，道德自我认同是指个体对道德自我的认同，也就是我是一个什么样的认识。道德社会认同是指个体对社会道德的认识，也就是对道德规范对人的个体意义和价值的认识。当然二者是相互塑造的。自我认同来源于社会认同，自我总是在社会中进行的，社会提供了道德自我认同的内容、环境和条件，决定着个体道德自我认同的程度，个体自我总是在他者中实现自我认同的。自我认同也改造社会环境和道德社会认同。道德同一性表现了人的身份感、角色感、意义感和价值感。心理学的研究表明，道德判断并不能影响道德行为的发生，道德同一性是道德判断和道德行为的桥梁，是维持道德行为的关键因素。（尼克森）在心理学上，自我同一性代表了人格成熟状态。（埃里克森）道德同一性是将道德价值注入人的自我同一性中，道德同一性也是道德人格发展状态的重要标志。根据心理学研究道德同一性的发展经历了这样几个阶段：第一阶段：从婴儿到幼儿。此时这是道德同一性的开始阶段。当儿童开始形成对自己行为的道德评价和要求时，道德自我开始萌芽。道德内疚、羞愧感、道德宽恕感的出现标志着道德自我的出现。伴随的是自我评估能力，这种能力包括个体的道德理想，以及由此引发的羞耻感和自豪感。第二阶段：青少年时期是道德自我发展的成熟期。此时青少年伴随着生理的变化带来的是对自我的探索，我要做一个什么样的人，成为个体思考的新内容。埃里克森认为青年期（12~18 岁）是自我意识和自我角色同一感的形成时期，这是个体对自我的思考，包括自我的本质是什么，自我的信仰是什么，以及自我一生的价值取向的完整意识。此时青少年若不能渡过该时期就会出现道德同一性的混乱，表现为理想我和现实我的矛盾。

4.2.2 个体道德人格发展的阶段

道德人格的发展最终形成从心所欲不逾矩的境界，实现道德自由。我们根据个体对道德规则表现的自由度，将道德人格的发展分为以下几个阶段。

（1）他律阶段

他律阶段是道德人格发展的最初阶段。他律的意思是“受另一个管辖”，在此阶段道德还没有成为人的内在需要，人们的道德责任和道德价值来自外在的社会规范和社会秩序的要求。他律阶段是道德人格形成的必经阶段和过渡阶段，相当于皮亚杰的道德实在阶段或者科尔伯格的前习俗水平。皮亚杰曾指出，服从是一种美德，无论是对规则的服从还是对外在命令的服从。规则本身是外在于人的，需要人服从和遵守。此阶段个体对道德的履行不是自觉主动地服从，而是迫于惩罚的压力或者是对表扬的期待；道德规范和标准是外在于他的。康德说：“意志在它的准则与自身普遍立法的适应性之外，从而走出自身，而在某一对象的属性中去寻找规定它的规律”[①]，此阶段还认识不到道德规则和规范对其人生的意义；并且认为这些规范标准具有绝对化，是必须的行为，个体只需要服从而没有选择的权利；此阶段个体以模仿为主。此阶段道德是外在于个体的，是一种约束和束缚。而在对错误行为的惩罚方式上，主张抵罪式的惩罚——为了惩罚而惩罚，不考虑他与违规行为

①[德]康德.《道德形而上学原理》，苗力田译，上海：上海人民出版社，2002 年，第 60 页。

的性质之间的关系。此外，他律阶段还存在着一种内在的公正，也就是一种德福相一致的内在的敬畏感，即“你若违反了社会规则，就要被惩罚”。

他律阶段是道德人格发展的必经阶段。这是由道德规范的客观性和人的本质决定的。道德规范总是以社会习俗或者道德规范、规则形式出现，凝结在社会成员的身上，是人的社会公共秩序和公共理性的表现。因此，道德规范是客观的，不以人的意志为转移的。此时，道德他律是外在于个体的，必须通过对道德主体的发号施令来表现自己，发挥其外部约束作用。对个人来说，人的出生就意味着进入了社会之网，马克思说过：“人的本质不是单个人所固有的抽象物，在其现实性上，是一切社会关系的总和”[①]，这指出了人不能离开社会而存在，个体只有遵循社会秩序和规范才能顺利地进行社会生活、取得某种社会地位，获得社会成员的资格。因此，道德他律性也适应了个体生存的需要。而道德并不是伴随着人的出生而来的，人一出是处于道德空白阶段，在年幼的时候，人的道德理性也还不发达，人还不能认识到道德规范必然性，不会主动去遵守道德，此时家庭、学校和教育就成为对个体进行道德教化的主要途径。心理学的研究表明，2~3 岁的儿童大约在家中每天大约进行 50 多个纪律训练，这为个体道德发展奠定了基本的道德经验和道德心理素质。可见，他律阶段的个体仅仅将道德看作一种必须服从的外在力量，个体的主体道德能力还不成熟，还不能解决大的道德冲突，自我道德调节能力还比较弱。此时道德源于个人生存的需要而不是发展的需要。

道德人格他律阶段具有积极的作用。表现在：儿童在人际交往中学会了服从。服从是道德的开端， 因为只有服从才会有克制和约束。同时，儿童了解到了一些道德教条和道德规则的条目，虽然还不能真正领会其内在的精神含义，但是为后来道德实践准备了良好的知识储备。

①《马克思恩格斯选集》，第一卷，北京：人民出版社，2012 年，第 139 页。

（2）道德人格自律阶段

自律在康德伦理学中是一个重要的概念。康德认为，自律是意志活动的规律。意志或实践理性是一种作为原因活动的能力，是理性存在者的一种能力。一切有理性东西的意志所固有的性质是自由。自由是指“它能够作为原因活动而不须自身以外的东西作为原因才这样做”[①]。因此，意志自由就是自律。自律是指“善良意志自己规定自己”，自律不受情感约束和束缚，根据善良意志自己颁布的道德律令而行事。这条原则是“你的行动，对待每一个有理性的东西，都同样遵循当作自在目的的准则，不论是自己还是别人”[②]，在内容上，“在同一意愿中，除非所选择的准则同时也被理解为普遍规律，就不要作出选择”[③]。也就是说，作为意志行动规律的自律，是不依赖于其他的外在条件作为自己行动的理由，是完全自我规定，自主判断。当然，这并不是说是随意的，因为只有上升为普遍规律的意志决定才能作为行动的选择。因此，康德指出了意志的定言命令：“你的行动，应该把行为准则通过你的意志变为普遍的自然规律。”[④]在康德看来，人是目的不是手段，只有将意志行动的规律变为普遍规律，才能实现人的目的价值，体现人的自在价值，这是康德意志自律的最终归宿。康德通过意志自律找到了道德客观性的基础。虽然是形式上的，但指出了道德自律是人的价值的体现，体现了人的尊严。当然，康德将自律建立在人的先天理性基础之上，是理性自由的一种属性，

①[德]康德.《道德形而上学原理》，苗力田译，上海：上海人民教育出版社，2002 年，第 126 页。

②[德]康德.《道德形而上学原理》，苗力田译，上海：上海人民教育出版社，2002 年，第 57 页。

③[德]康德.《道德形而上学原理》，苗力田译，上海：上海人民出版社出版，2002 年，第 60 页。

④[德]康德.《道德形而上学原理》，苗力田译，上海：上海人民教育出版社，2002 年，第 39 页。

没有找到自律的真正来源，最终使自律也成为没有内容的形式，并且有成为独断的可能。[①] 唯物主义认为人的自由是在对必然性的认识基础之上对社会的改造。人生活在社会关系之中，社会总是对人提出一定的要求，这就是他律，而人的自律以他律为客观内容，将人在社会关系中受社会习俗和道德规范的内化并转化为主体自觉自主的行动的能力。因此，道德自律是道德主体在对道德规律和道德规范的认识的基础上，自愿认同社会道德规范，并自觉践履道德规范，将外在的道德要求变为主体内在自主行动的过程。

这两个阶段是有明显区别的：他律阶段，道德仅仅是作为个体生存的保障，是工具性的，此时道德还不是个体人格的一部分，稳定性和持久性还不明显，很容易受环境或个人心境的影响而不能完成个体道德行为；而在自律阶段，道德成为个体价值的展示，体现了个体的道德需要，因而能够保持道德行为的稳定性和持久性；他律阶段，个体对道德的遵守是出于义务；而自律阶段，个体对道德遵守是出于责任。义务是“一定主体对社会及他人应尽的责任”，此时，义务是外在于个体的，是社会要求而非个体要求；在自律阶段，个体对道德的遵守是出于责任，康德认为：“只有出于责任的行为才有道德价值”，这虽然有失片面，但这种出于责任感的行为真正将道德内化为自己的道德意识，主动做出道德选择，并且能够克服一定的困难，而做出相应的有道德价值的行为；在自律阶段主要表现为道德良心的形成。道德良心是指道德主体在长期的生活中形成的对自己行为善恶的价值意识和自我评价能力。良心既是一种道德责任意识也是一种道德评价能力，以及在人们心中引起的羞愧、内疚等情感。因此，良心是道德意识、道德情感和道德意志等的统一，是人的一种道德自律能力，在人格结构中具有重要的地位。这种作用表现在：行为之前对道德动机进行检查；在行为之中对道德行为进行监

①康德认为不是人拥有德性，而是德性拥有人有使德性成为凌驾于人之上的力量的可能。

督，表现在对符合道德要求的情感、意志和信念给予强化和鼓励，反之，对不符合道德要求的情感、意志和信念给予抑制或者克服；在行为之后，良心具有对自我道德的评价能力，即一种“内心法庭”的审判，对履行了道德义务、符合自己道德理想和道德标准的行为感到自豪，从而巩固自己的道德价值观和道德行为；而当道德选择和道德行为不符合自己的道德标准时，就会因自己的不满而产生羞愧感和内疚感。可见，道德良心作为一种道德认知、道德情感、道德意志的统一，是道德人格的重要发展阶段。弗洛伊德的超我就是道德良心阶段。他律阶段个体从外在效果上对个体人格进行评价；在自律阶段，个体对道德人格的评价，开始从主观动机、动机和效果的统一中来进行社会评价或者个体自我评价；在自律阶段道德义务和道德责任成为人们的一种道德需要，人们对道德义务和道德责任有一种深深的责任意识。这时，道德原则和伦理规范已经不是外在异己的存在，而是一种“为我”的存在，个体主动遵守社会规范和原则成为一种必然的要求，体现了人的超越性的精神需求。对于社会道德规范来说，在他律阶段，道德规范还不能完成自身，只有道德规范得到主体的认同和践履才能完成自身，否则道德规范是外在于人的，是对人性束缚的东西，因此也是与人无关的；自律阶段个体扬弃了道德规范的外在性、束缚性和强制性，体现为道德主体遵守道德规范的自主性、自控型、能动性。个体对道德规范的遵守是个体道德意识决定的，在遵守道德规范的过程中个体自觉、主动受良心的指导，克服在实施行为中的不利因素，保证道德行为的完成；自律阶段，个体完成了道德认同，建立了自己的道德理想，同时确立了同情、关爱和公正的情感品质。

自律阶段相当于皮亚杰所说的道德判断中的可逆性阶段和公正阶段。不同的心理学家对产生自律的年龄和内容不同，如皮亚杰从儿童心理学的角度进行了论证。他认为，随着年龄的增长和“他律”阶段形成的道德评价意识的不断沉淀，“他律”逐渐地“让位给自律”，儿童此时就产生了作为良心内容的“公正感”①。这一阶段出现在10~12岁，此时儿童不再认为个体的道德不可变，而认为其是可变的。科尔伯格认为儿童对公正、权利和福利等道德概念的理解，而表现出来的思维结构、程度表明了自己的道德判断水平，这是道德发展水平的表征。在科尔伯格看来，道德自律阶段相当于科尔伯格的后习俗水平。他认为这个阶段的出现不会早于16岁。儿童认知冲突的情境、同伴群体、高等教育和文化影响是影响道德自律发展的因素。弗洛伊德则认为儿童在五六岁时，代表超我的内疚、羞愧就会产生，这时良心就形成了。在现在看来，这种良心水平显然还不是较高水平上的道德自律。

我们认为，道德自律产生是伴随着青少年自我意识的觉醒和实践交往的扩展而形成的。青春期（12~18岁）是道德自律形成的关键阶段。此时，个体在生理上出现了第二次发育高峰，生理的变化引起了青少年心理的变化，最明显的表现就是青少年自我意识的觉醒。此时，个体开始探索自己要做一个什么样的人的问题。在个体自我发展上此时自我意识从社会自我意识过渡到心理自我意识时期。用埃里克森的话说就是开始“搜寻灵魂”。个体从外部自我转向关注内在自我，开始观察、体验自己的生活，关心自己的形象，不再简单认同别人的观点，而是开始有自己的理解和思索。心理自我是自我意识发展的最后阶段，个体逐渐表现出自我意识的独立性和主动性，开始寻找自我价值和理想。这是个体道德自律意识形成的心理基础。

道德自律意识形成的关键是交往实践。皮亚杰认为，人的认识“起因于主客体之间的相互作用”②。自律形成的关键是建立在互为主体的关系的交往基础之上的。伴随着个体自我的发展，个体逐渐将自我和他人分开。在交往中逐渐会形成互为主客体的关系，交往的另一方作为客体，而自己作为主

①[瑞]皮亚杰.《儿童心理学》，吴福元译，北京：商务印书馆，1980年，第92页。
②[瑞]皮亚杰.《发生认识论原理》，王宪钿等译，北京：商务印书馆，1981年，第21页。

体。在此时，个体容易把对方看作是其达成目的的工具，忽视了对方的主体性，个体道德在此阶段即为科尔伯格的“工具论相对主义”阶段，此时个体道德发展还处于他律阶段，而只有形成主体间性的关系才标志着道德人格的形成。此时交往的双方从“我—他”的主客体关系，变成了“我—你”的关系，这是一种主体间性的关系，互以主体对待，不是将对方当作手段和工具，而是当作目的，相互尊重、平等对待，体现主体的能动性、创造性，这是自律道德人格形成的基础。

此阶段同伴群体对青少年的自律人格的养成有积极作用。青春期的青少年，伴随着自我意识的觉醒，开始寻找自我，表现在他们开始反抗家长的权威，开始探索自身，容易从同龄群体中寻找自我。此时，同伴群体对青少年的道德自律人格养成有重要作用。伙伴群体是由爱好、兴趣和价值观、学业成绩相似的青少年组成的非正式群体。他们是自发结成的，群体成员之间是平等交往、相互协作等，是促使青少年从他律道德人格到自律道德人格转变的重要因素。主要是通过下面两个机制完成的。

（1）青少年同伴群体的平等交往通过角色扮演机制，使得儿童从自我中心中走出来，这是自律道德产生的基础

同伴之间的平等交往关系，促进了儿童角色扮演能力的发展，这对去除个体中心主义有重要意义。在他律阶段，儿童和家长、教师等由于年龄、思维、阅历、经验完全不同，儿童往往很难体会家长的观点，站在家长的立场上想问题。因此，在此阶段个体往往是被动服从、听从权威，很难实现自律。而在同伴交往中，人与人之间是平等的关系，在群体中的地位平等的，年龄相似、智力和情感发展水平也接近，而且接触频繁，想法也相近。由于处在共同的境遇，个体在交往互动中能够站在对方的立场上理解对方，客观上采取他人的态度，这就促进了角色扮演能力的发展。而“能否客观采取他人的

态度、成功地扮演他人的角色，是道德他律向道德自律转化的基础”[①]。在同伴的交往中，个体可以通过他人作为“镜中我”来认识自己，促进了个体的道德认知；同时促进了角色扮演能力和关系采择能力的发展，这对个体的道德认知和个体同情心的建立来说是一个好机遇。亚当·斯密指出“同情”来源于站在对方的立场上思考问题，同时交往中他人的态度，有利于形成“公正旁观者”的公正态度，这样就使主体走出个人中心主义，采取一种普遍的社会态度，当其内化为我们的良心时，我们就以这个态度作为标准来处理人们的利益关系，这促进了个体道德判断能力的发展，同时同情的产生也为其他感情的发展奠定了基础，可以促进助人、友爱等道德情感的丰富和发展。

（2）同伴交往促进了社会责任感的形成

只要儿童交往的范围还没有超出家庭和学校的范围，他们就始终停留在道德实在论阶段，而同伴之间的交往使个体从学校和家长的权威中走出来。同伴间的交往范围使个体超出了老师和家长的权威所及。同伴之间的交往比如在游戏过程中可以促进青少年对规则的理解；同伴还可以共同制定规则，在共同制定规则的过程中，使青少年明白规则并不是不变的，而是可变的，促进了个体道德意识的增长；而同伴间的矛盾已经不能由家长、父母来解决，这就需要青少年个体自己学会解决，不仅解决个体与个体之间的矛盾，而且还要处理个体与群体的矛盾，这大大提高了道德实践的范围。这有利于个体将共同体的态度凝结在自己态度中，此时，个体的规则已经超出了规则功利主义和好孩子的阶段，[②]而逐渐向维护群体秩序或者形成契约的道德判断阶段过渡。可见，同伴群体的交往促使个体走出道德自我中心主义，开始关注群体利益，有利于促进青少年道德人格形成。

---

① 钱伟量．道德意识的个体发生机制，《中国社会科学》，2000年，第4期。

② 参见之前的讲述。

（3）道德人格自律发展的社会机制

自律人格的形成也离不开社会互助。青少年总是在社会中实现从他律向自律转变，社会机制是影响他律到自律转变的重要因素。道德人格的自律阶段是将道德作为自己的内在价值的一部分，是个人对自己尊严的觉醒和维护。成人或者家长的尊重是青少年的自律道德人格养成的重要推动器。这时候就需要父母放弃在他律阶段的权威身份和对孩子教导的“权力”，否则就会延缓从他律到自律的过程。父母此时要转变角色，尊重青少年。尊重是和孩子的尊严感联系在一起的，比如尊重青少年的天性，只有尊重孩子的天性，尊重其对生命意义的探索和感悟，才能平等地与孩子交谈。而只有受到尊重的孩子才会尊重他人，尊重社会规则。尊重孩子就是尊重其选择人生的权利，尊重其对自我道德的探索的自由，在这种宽松的环境下，孩子就会因为获得自由而自发地思考自己的原则，可以主动地自我行动，在自己的体验中来体会道德责任，从而促进自律道德的产生。

（4）道德自由阶段

自律阶段还不是最高的阶段。因为自律仍然是依靠良心来处理道德事件，此时个体将自我放在人与社会的关系而获得的一种社会自由，还不是道德自由。而道德自由是指一种心理自由，这种自由是指将个体融于宇宙中，达到一种天人合一的道德境界。在中国儒家伦理中，德性的“天”是道德的最终来源，人道来自天道，人道的合法性来自天道。孔子将人的道德修养看作是“内求诸已、外参天地”的天人合一的过程。最后达到“从心所欲不逾矩”的境界。随心所欲是指行为出于意志自由而非外在（如金钱、美色、权力）的胁迫，这是道德境界的前提；“不逾矩”是指行为合乎外在必然性，无不发自中节，随心所欲不逾矩是真正达到了道德自由和必然性的统一。此时人格也得到了升华，是人获得了道德自由，举手投足间都发乎情、中其规，不做作，不勉强；率性而为，也合乎中道，无过无不及，不狂不狷。合乎道而不违德，合乎情而遵守礼仪。这就是圣人的道德境界。道家认为“道”是世界的本源，“道生一，一生二，二生三，三生万物”，而“道法自然”，“道”的本性是自然，“无为”，万事万物都要遵循“道”的规律，也就是顺乎自然，依道而行；而“道”的外化就是“德”；而道家另一个代表者庄子认为：“夫道……自本自根，未有天地，自古以固存”（《庄子·大宗师》），这就是道以自身为原因，是绝对的、终极的、无条件的；“夫道未使有终，言末使有常”，等等，指出了“道”为一，取消了一切差别。庄子通过最高的“道”为个体的生存提供了最高的本体依据和终极价值关怀，这就是无待而逍遥的精神自由。其自由人格是一种无待而逍遥的人格，是一种绝对的无条件的主体自身的精神自由。在庄子看来，自由人格是把握自然变化的规律，遵循六气的变化，遨游于无边无际的宇宙之中，不依赖于任何东西的自由。这种自由表现在三种人格上：“至人”“神人”“圣人”。至人是抛弃了自我中心主义，不偏执在我的意见上；神人推脱了功名利禄的小我思想，达到与天地精神之往来的境界；圣人看破世俗，达到了精神的自由自在。因此要达到逍遥的境界，就必须消除内心的障碍，就必须摆脱外物的束缚，而独于天地精神相往来。在佛教看来，最高的修行阶段是达到“人无我，法无我”即成佛。佛教认为诸法（万物）都是无自性的因缘和合的产物，是无常的、虚妄的、不真实的，人生追求的名利富贵也是幻象，如梦幻泡影，都毫无意义。佛教要求人们认识到人生的痛苦，要求人们解脱生死、破除我执，体悟宇宙和人生的真实，灭除生死的因果，进入涅槃境界。佛教否定现实生活，肯定的是超现实的生活。

佛教认为最高的人格修养是达到“四圣”：声闻、缘觉、菩萨和佛。这些都是达到了自我觉悟和完善之人。其中成佛是最高境界，是至善、是至尊、是全能、全善、全知的绝对完善的人格。这种人格超越了世间和出世间，超越了人类而成为人之上的神。道德自由阶段，是达到天人合一、物我两忘、随顺万物。新儒家的代表冯友兰在《新原人》中根据人的觉解程度的不同，分为四种境界：自然境界、功利境界、道德境界、天地境界。自由境界是“天地境界”。“天地境界”的人的行为是“事天”的。他认识到人是宇宙的一分子。此种行为的人，有最高的觉解，认为人是宇宙的一部分，其可以与天地参，“与天地比寿，与日月齐光”。天地境界的人是“大无我”，“与天地相似”，不得“自异于天地”，也即“人欲尽处，天理流行”，是天人合一的境界。道德境界和天地境界的人都做到尽职尽伦，但处于道德境界的人行道德之事时，是特别有意的选择，是“舍生取义”。而在天地境界的人是“顺应天成”而已，是不需要一种特别有意的选择，行之亦不待努力。内外对立、动静的对立已经消失。

因此，道德自由阶段的道德人格，是一种道德境界，此时个体与宇宙结为一体，人达到一种或者是“看云卷云舒的境界”，或者是“虚空无为 ”的境界，或者是“清明”的道德境界。此时，人真正实现了个体与自然、社会的和谐，个体在有限之中实现了无限。不执着于生死，超越于生死、富贵、小我。此种道德人格的人，是一种很高的人生修养，是一种人生的从容，又是一种人生的安静祥和，是一种人生的大智慧和人生的高修养。这种道德境界是个体修养和觉悟的结果，是人生的大觉解。当然，并不是每一个人都能达到这个阶段，也许有些人一辈子都不能达到。而有些人由于个人境遇和个人的领悟能力，很早就能达到。

4.3 道德人格形成发展规律探析

道德人格发展规律探析的是道德义务的形成规律和道德境界形成规律。

4.3.1 道德人格的发展主体性增强的过程

第一，从人类道德人格演化进程来看，道德人格的演进过程是主体性逐渐增强的过程。自然人格—依附人格—独立人格与物化人格—自由人格的发展阶段，展现了人类道德人格从低级到高级的发展进程，这伴随着人的主体性逐渐增长的过程。在自然人格阶段，人与自然混沌一体，人还没有从自然中独立出来，人的主体地位还没有确立起来。人的主体性、创造性都很有限。此时，对人类社会的调节主要依赖于外在力量（图腾崇拜），不是通过理性的认同，而是对外在力量的盲目信服。道德本来是人的理性把握自己的存在方式，在这里却表现为超越人之上的存在形式，表现为强烈的强制性和非理性；而依附人格阶段，这使进入阶级社会之后社会分为统治阶级和被统治阶级，统治阶级依靠自己经济上政治上的地位，在思想文化上也取得统治地位，这形成了阶级道德，此时广大被压迫阶级没有生产资料，只能依附于统治阶级，在人格上也依附于统治阶级，在此阶段个体获得了一定的理性；到了独立人格阶段，人类从依附道德人格中独立出来，人类开始出现了独立的人格主体性开始觉醒，摆脱人身依附，但这是一种个体主体性的觉醒，这是一种片面的道德人格，容易导致个人主义，这样反而丧失人的主体性。而只有到了自由阶段，人的主体性才真正获得，个体真正从依附道德中摆脱出来，道德成为人的本质力量的确认和获得，个体建立起来了人与人之间平等的社会关系，此时道德人格进入自由阶段，道德不再是与人异己的力量，而是自我立法、自我发展。

第二，从个体道德人格发展过程来看，经历了他律—自律—自由阶段的发展，也是伴随着主体性增强的过程。在他律阶段，个体道德理性还没有完全实现，个体只能被动服从道德规范，个体将道德规范看作是外在的，对个体的限制力量；而到了自律阶段，个体主体性逐渐增强，能够认识到道德对个体人生的意义，能够将道德作为自己本质力量的一部分，自觉遵守道德规范，并且能够进行自我调节和自我约束，这是道德发展的自觉阶段，而到了自由阶段，人与道德已经合体存在，人们对道德的遵守已经是无心为之即达到“从心所欲而不逾矩”的道德境界。当然，这个过程伴随着个体的道德实践活动和个体主动道德修养。

4.3.2 道德人格是客观决定性和主观选择性的有机统一

社会存在决定社会意识，经济基础决定上层建筑。这是社会领域的两大规律。恩格斯指出："人们自觉地或不自觉地，归根到底是从他们阶级地位所依据的实际关系中——从他们进行生产和交换的经济关系中，获得自己的伦理观念。"[①]这指出了社会经济关系是人们伦理道德观念的最终来源，有什么样的经济关系决定了有什么样的道德体系和规范，而道德人格是对道德规范的个体凝结，因此，社会的经济关系最终决定了道德人格的类型和发展变化。道德人格的依次演进过程就体现了经济关系的变化。此外，道德人格的形成还受社会的政治、文化发展水平影响。马克思说："'特殊的人格'的本质不是它的胡子、它的血液、它的抽象肉体的本性，而是它的社会特质。"[②]这指出了道德人格不是人的抽象的、一成不变的人性决定的，而是受当时社会物质生活条件、政治、文化等影响，形成了人格的具体形态。个体的生理、心理因素是影响道德人格形成的因素，但不是决定道德人格的因素。个体形成什么样的人格根本上是由当时物质条件决定的。首先，社会经济关系的性质决定着个体道德人格性质。在阶级社会里，由于生产资料的私有制，一部分人占有生产资料，大部分人没有生产资料，大多数人形成的是依附性人格；而在社会主义生产资料公有制社会里形成的是独立的、平等的人格。其次，个体道德人格受个体在经济关系中的地位影响。在一定的经济关系中，形成相互对立的阶级，而他们的道德人格有明显的差别。以资本家和无产阶级为例，资本家是资本的人格化，它是为了追求最大的剩余价值，因此，即使牛奶坏掉，无产阶级挨饿，也不会引起他的同情心，去把牛奶无偿送给无产阶

①《马克思恩格斯选集》，第 3 卷，北京：人民出版社，1995 年，第 434 页。

②《马克思恩格斯全集》，第 3 卷，北京：人民出版社，2002 年，第 29 页。

级，这种共产主义的互助道德是不会在资本家身上发生的。只有到了共产主义社会，社会的公有制为大公无私的人格实现提供了基础，成为主要的人格类型。同时，个体道德人格受个体的生活环境决定。对个体道德人格影响最大的是家庭环境和职业岗位。家庭是个体人格发展的最初影响因素。个体幼年时最基本的关系是亲情关系，儿童对家长的依恋，使家长很可能成为儿童道德人格成长模仿的“重要他人”，此时父母的行为方式、言传身教、教养方式对个体道德人格的形成有重要的作用。当个人进入社会，此时职业环境对个体道德人格有重要影响。职业环境是个体生活时间最长的地方，职业在塑造个体人格中有重要的意义，一些职业有具体的职业道德规范、行业内的规则，个体在职业行为过程中就会选择和执行，从而形成一定人格特点。如教师，师生关系是职业中的重要关系。在教师职业道德中，要求教师热爱学生、尽职尽责，这对教师的道德人格提出了客观要求，有些教师就将其内化成自己人格的一部分。相反，一些从事偷窃等犯罪活动的人，他们也塑造了欺诈、撒谎，甚至凶恶、残忍等人格特点。

同时道德人格还是主体自我选择的结果。人是自己人格的主人，人与动物最大的区别在于健全的人具有能动性和自主性等主体性特征。首先，个人是社会道德规范的载体和加工厂。个人的价值目标，个人对道德的理解、个人的道德认知图式等都参与了个体道德人格的建构。其次，在道德人格形成过程中，自我的认知、个人自我的道德评价等都具有个体差异，而这些因素都是道德人格形成的关键因素。可以这样说，在一定的社会客观条件下，个体在道德上成为什么样的人，是自己选择的结果。“为仁由己”就是这个意思。

4.3.3 道德人格的发展是辩证的发展过程

道德人格的生成不是一蹴而就的，是长期实践的结果。著名哲学家王夫之说：“性日生日成”，指出了人性不是生下来就凝固不变的，而是在社会实践中，通过培养和修养逐渐形成的。马克思抛弃了旧唯物主义对人抽象研究的方法，确立了实践的世界观和方法论，研究“现实的人”而非“抽象的人”。他说：“从前的一切唯物主义——包括费尔巴哈的唯物主义——的主要缺点是：对对象、现实、感性，只是从客体的或者直观的形式去理解，而不是把他们当作人的感性活动，当作实践去理解，不是主体方面就理解。”[①]从实践去理解人，也就是将人看作是从事实践的，通过人的实践活动来完成。实践是无止境的，因此，人格的形成也是无止境的。道德人格的形成既是善的积累过程，也是善与恶的转化过程，是曲折的前进过程。

首先，质量互变规律。道德是点滴积累而成的，中国古代思想家荀子在《劝学》篇中指出：“积土成山，风雨兴焉，……积善成德，而神明自得，圣心备焉”，也就是说，道德人格的形成是善的行为逐渐积累的结果。中国古语说，勿以善小而不为，勿以恶小而为之，也告诉我们在生活中要持续不断地经过善的积累，同时不能放纵自己做坏事，认为做了一件小坏事不算什么。只有经过善的积累，不断重复善行，成为习惯，才能达到行为的稳定和一致性，进而形成稳定的道德人格；与此相对，个体也不能放纵自己做坏事，认为做了一件坏事无所谓，其实，行为放纵往往是恶的开端，人的侥幸心理会导致恶的扩大。生活中这样的例子比比皆是。一个人偶尔偷东西，没有被人发现，反而越偷越大，最后变成了真正的小偷。因此，在道德人格形成过程中要防微杜渐，将恶扼杀在摇篮之中，同时对于善要鼓励、激励，使得个体发扬善行，从而保证道德行为的持续发生，促进道德人格的形成。

其次，道德人格形成的善恶转化规律。道德人格的形成也是善与恶相互斗争，善逐渐战胜恶的过程。毛泽东指出：“真的、善的、美的东西总是在同

①《马克思恩格斯选集》第 1 卷，北京：人民出版社，1995 年，第 58 页。

假的、恶的、丑的东西相比较而存在，相斗争而发展”①。这也适用于道德人格。其一，从历史上看，每一个历史时期道德人格的形成总是伴随着对旧道德人格的批判前进的。如中国新文化运动中就是要对旧道德人格的批判，如鲁迅对中国奴性人格的批判，梁启超对新民人格的提倡给人们启蒙，引起人们的反思，促进人格的成长。这些呼吁和呐喊唤起了个体的觉悟也推动了社会的变革，而社会变革又对人们思想进行洗礼，对人们人格的转变有根本的影响。其二，个体道德人格的成长也是善恶矛盾斗争的结果。首先道德人格本身就意味着战胜自己的情欲、战胜人性中恶的一部分。恩格斯说：“人来源于动物界这一事实已经决定人永远不能完全摆脱兽性，所以问题永远只能在于摆脱得多些或少些，在于兽性或人性的程度上的差异。”②道德人格就体现了人性的本质，体现了人脱离动物的程度，拥有崇高道德人格的人往往是那些战胜了自己的冲动，展现了人性光辉的人。而道德人格形成中也有善恶的矛盾斗争。在道德人格形成过程中，有时需要对原有的人格因素进行质的转化，而这就需要自己重新审视自己的人格，在这个过程中交织着怀疑、疑惑、自我反省，甚至心灵的痛苦，内心的自责、愧疚，这些都是内心中善恶的矛盾斗争引起的人们的心灵的变化。

最后，道德人格发展的否定之否定规律。人类历史道德人格的演进经历了自然人格—依附人格—独立人格和物化人格—自由人格这几个阶段，是一个前进上升的过程。恩格斯明确指出：“在这里没有人怀疑，在道德方面也和人类知识的所有其他部门一样，总的说是有过进步的。”③道德人格的发展演变过程也是一个进步的过程，集中体现了在个体主体性的增强上（第一点已经阐述），而主体性的增强也是一个否定之否定的过程。自然人格条件下，

①《毛泽东文集》，第7卷，北京：人民出版社，1999年，第230页。

②《马克思恩格斯选集》，第3卷，北京；人民出版社，1995年，第442页。

③《马克思恩格斯全集》，第20卷，北京：人民出版社，1971年，第103页。

人们的主动性、能动性受到生产力和自身认识能力的限制，主体地位是无从谈起的。而在依附人格下，统治阶级看似拥有自己的主体地位，但这种主体地位是虚幻的。统治阶级和被统治阶级都失去主体人格的存在。被统治阶级由于在经济上依附于统治阶级，其主体地位受到限制。而统治阶级其实并没有完全的独立地位（如前所述）。可见，依附阶段，每一个人都不是道德的主体，道德不是体现个体主体性的，而恰恰是抹杀个体主体性的，是一种没有主体的道德生活状态。而到了资本主义社会，人们逐渐摆脱人格等级、依附关系，追求人格独立，确立个人的主体性，但是这种主体往往是个体主体，这种主体是以个人为出发点，有自己的局限性。有可能走向自己的反面，西方社会出现的空虚、无聊、孤独、迷茫等社会弊端就是这种主体历史作用的结果。因此，仍不是主体；此时，这种个人主义需要进一步扬弃，转向社会主体，也就是说是个人从自我中心中走出来，走向普遍。社会主体将社会整体性、宇宙整体性融入自我中，确立了真实的自我，真正解决了人和社会的关系问题，真正达到自由阶段。此时“人的发展是一切人发展的条件”，个人与他人、社会矛盾解决，进入了道德人格自由阶段。

对于个体道德人格的发展来说，大致经过他律—自律—自由阶段，这是一个上升的过程。个体道德是从他律到自律再到自由阶段，是旧我的扬弃，新我获得的过程，是一种辩证的否定，否定之中有肯定，扬弃了前一个阶段的糟粕，吸收之中有改造，整体呈现出一个上升的过程。比如，自律阶段是对他律阶段的否定，但这种否定不是完全的否定，而是扬弃。自律道德扬弃了他律道德规范的外在性，使得道德规范进入内心，扬弃了主体对道德的盲目服从，扬弃了主体道德对规范的恐惧之心，而变成了对道德规范的自我认同；扬弃了道德规范的约束作用，而变成了个体的心悦诚服。总之，主体从不成熟的道德能力发展成为具有独立的、成熟的道德能力的个体，真正实现了个体的社会本质，是一个真正的人的过程。而到了道德自由阶段又是一个新的阶段，道德和个体已经融为一体，个体不仅仅实现了自己的社会本质，而且超越了社会本质，将自己有限的生命放到无限中去，是自我的真正实现。当然这个辩证否定的过程不是直线的，而是曲折前进的过程，中间会有一些曲折和反复，会有一些停滞甚至倒退。如一个正义感的人，可能在一些关键时刻却表现得犹豫、退缩。这是生活中常见的现象。这也要求我们只有经过不懈的努力，持之以恒地坚持，不断克服前进中的曲折和反复，才能实现人格的完善和升华。

第 5 章　当代中国道德人格的境遇及培育

中国从传统社会走向今天，尤其是改革开放之后，社会发生了巨大的变化，人们的道德人格面貌也呈现出千姿百态的面貌。

5.1 当代道德人格的境遇

道德人格是社会面貌的一个重要的表现。在今天，伴随着社会的巨大转型，社会道德人格也良莠不齐。

5.1.1 当代中国道德人格状态

当前道德人格状态，既有高尚的道德人格，比如社会中出现的舍己为人的“最美”现象；还有在特殊时期比如在地震、非典、抗击新型冠状病毒战役中一些医生、军人的奉献；还有民间近年来涌现的大量的志愿组织，他们无私地服务社会；也有大量的人作为志愿者无偿付出自己的时间、精力等。这些都是积极的道德人格面貌。这种情况的发生有很多原因，比如仓廪实而知礼节，衣食足而知荣辱。伴随着市场经济的发展，大大提高了人们的经济水平，为人们进行善行提供了基本的物质条件，这是基础；当然不能否认伴随着市场经济的发展，人们的思想境界有了很大的提升，不少人愿意将奉献作为自己的人生价值观，愿意去为他人付出，这既是个人的选择这也与我们提倡的为人民服务的人生观是一致的，这体现了当代中国人道德人格进步的地方。

但同时不能否认的是，一些人、一些领域出现了道德人格的失落，比如：道德判断力模糊，一些人道德是非混乱，笑贫不笑娼、生活腐化，甚至包二奶等；还有不少人道德感缺失——道德冷漠，见死不救，甚至举手之劳就可以救人时也不伸出援手，该出手时不出手。道德信仰缺失，一些商人为了金钱不择手段，甚至不顾他人的生命健康和安全。道德人格的危机，比如物化人格、双重人格等丧失了人的尊严。还有人漠视道德规则，甚至是挑战道德常识[①]：比如高铁上的“霸座男”“霸座女”；还有 2019 年重庆公交车上的一名乘客因为自己坐过了站，和司机扭打起来，结果公交车坠江，全车人无一生还；诚信缺失严重。2011 年，《中国青年报》对 1865 人进行了调查，82.1% 的采访者认为当前社会说谎之风日益泛滥。生态人格丧失，人与自然的关系是人格的重要表现，但是改革开放很长一段时间，不少人信奉人类中心主义的观念，忽视自然的存在权利，仅将自然界当作我们使用和获利的对象，结果环境污染、生态恶化、资源短缺，人在自然面前变成了无家可归的流浪汉，缺失生态人格。道德人格虚伪，虚伪道德人格体现在人与人之间言行相违的不真实，不真诚、不诚实，导致了人与人之间不信任，“人与人之间缺乏一种主动的联系和约束，彼此都无法相信对方的真诚和忠诚。”[②]道德人格的虚伪还表现为道德人格的两面派，比如一个满口仁义道德，但是在私下却违背道德；一些官员反腐败喊得最响，但是自己却最腐败；一个人靠道德来欺骗别人。

5.1.2 道德人格存在问题的原因

这些问题的出现与中国社会巨大的转型有密切关系。中国传统社会是一个极稳定的熟人社会。但今天是陌生人社会，无论是公共生活规则的形成与

①常识道德是人们的直觉所认为不言而喻、不需要指明理由就应当遵守的道德规则。比如不伤害他人、尊重人、遵守基本生活规则。

②刘丙元.《当代道德教育的价值危机与真实回归》，北京：北京师范大学出版社，2012年，第 7 页。

认同，个体道德理想的坚守，还是社会道德的状况都对个体道德人格的形成有重要影响。可以这样说：“这是道德人格形成的最好时代，也是道德人格形成的最坏的时代”，出现道德人格问题的主要原因如下。

（1）陌生人社会，德福不一致的常态。传统社会与现代社会最大的区别在于传统社会是熟人社会，人们在自己的熟人圈子里，形成了与之相适应的道德品质。在熟人社会，伦理关系确定并且为人们所认同，而且这种伦理规范还有明确的奖罚作为维系方式。比如一个有德的人，他们往往人品可靠甚至可以被“举孝廉”；对普通人来说，一个有人品的家庭工作和生活都容易；伦理可以作为我们利益的维系手段，这样的道德是值得信赖也是人们愿意遵守的；失德的成本太大。但是今天，我们进入了道德陌生者组成的陌生人社会，在陌生人社会，人们不再期待信赖别人的道德水准来和自己进行交往，人与人之间的交往更多依赖契约，权利与义务关系明确。但是，社会转型期有些人为了自己的私利去损害他人的失德行为经常出现；有人甚至利用别人的善行去获得自己的利益（比如碰瓷现象），这种情况虽不多，是其存在对社会道德状况有严重的损害和错误的警示，结果导致人人自危。由于害怕被伤害，自然就将他人当作“恶人”。唯有靠这样的无奈之举，才可能最大程度减小对自己的伤害。这种无奈之举，恰恰让人们道德不作为，让道德人格普遍平庸。

（2）中国人权利和义务的对等观念并没有深入人心。道德是社会共同体中维持社会秩序稳定的手段。因此，社会中形成了大量的共识比如诚信、友善以此维持社会秩序稳定。传统社会规范是长期共同生活的产物，比如父慈子孝、兄友弟恭、长幼有序、朋友有信等，这些规范范围明确并且有效。但今天是陌生人社会，陌生人之间的生活也是需要道德维系的，这种道德是建立在人与人之间人格相互承认基础上的道德义务与道德权利的相互遵循，这种相互义务成为人际交往的准则。康德说：“你想要别人怎么对待你，你就应该怎样对待别人”，这种平等对待、相互尊重、将人看作人，而不是维护自己目的工具的观点，是现代陌生人社会应该拥有的基本信仰，否则就会出现为了自己的私利而不择手段，甚至将他人生命于不顾（重庆公交车坠江事件就是一个例子）。这种对人格的尊重观念，恰恰是中国传统人所缺少的。中国传统社会是一个“生于斯、死于斯”的以“己”为中心逐渐往外推移的“差序格局”的“乡土”社会。这种“从自己推出去和自己发生社会关系的那一群人里所发生的一轮轮波纹差序”“愈退愈远，也愈推愈薄”，也就是说传统社会不是一个平等对待他人的社会，我们根据与自己关系的远近，形成不同的规范。甚至对待自己的亲人可以亲亲互隐，而圈子越靠外的人就越容易忽视或排斥，甚至为了“亲人”的利益损害其他人的利益。这样就会置社会规则于不顾，也置他人的权利和利益于不顾。在这种伦理文化背景下，中国人并没有习得如何对待陌生人，如何尊重他人的人格，如何道德化对待彼此的观念和行为。因此，如何平等地对待、相互尊重彼此的人格是中国人要学会的话题。

（3）市场经济下功利化价值取向问题。市场经济并不意味着人们越来越功利化，相反，市场经济的发展可以为道德人格的塑造提供经济基础，很多人在经济优渥之后，提升了自己的道德境界，比如开始做慈善就是一个明证；但是市场经济也有可能导致“拜物教” 。在马克思看来，在市场经济条件下，由于金钱能够带来最多的利润，于是一些人就会出现价值观的扭曲，认为金钱的价值是最高的。金钱就从经济领域渗透到家庭、社会、伦理、政治领域等其他领域。对金钱的崇拜导致了将获得金钱作为人生唯一和最高的追求，凌驾于其他一切之上。物质生活的满足确实是人生幸福的重要组成部分，但是幸福本质是人的真善美本质的实现活动，单纯金钱的满足并不能真正实现人的幸福。当我们将其作为我们人生价值根本体现的时候，就会丧失人对自己本质的占有，恰恰与幸福背道而驰。金钱会蒙蔽人的眼睛，使人体会不到追求真理的快乐；体会不到亲情的温暖；更不会有美的眼睛。功利化取向是对人性本身的一种损失，导致一种片面的人格状态，甚至为了金钱丧失尊严，也是对自身人格的一种戕害。当然功利化取向也容易损害他人的利益，极易滑向自私自利的人格。托克维尔说："利己主义可使一切美德的幼芽枯死，而个人主义首先使公德的源泉干涸。"[①] 功利化人格还容易导致道德判断力下降，导致人格水平不高。在今天，社会呈现出纷繁复杂多样的道德判断力，道德判断力模糊，甚至道德判断混乱。这与人们的角度立场密切相关，根本上与人们功利化的价值取向相关。如果每一个人仅仅从自己的利益出发看问题，对问题的判断就会呈现出复杂的评价状态。比如，对一个好老师的评价。如果仅仅是看老师给的分数，但是分数必然是多样的，就会导致对老师评价的不公平。道德判断力是道德认知水平的表现，当道德判断力混乱，那很难想象会有一个公平的道德环境，会有一个美好的世界。

（4）人格尊严意识淡薄。人格尊严意识是指人能认识到自己是人，应具有比动物更高的生存境界，具有不可侵犯的尊严和价值，人格尊严意识也是人"类"意识的体现。具有人格尊严的人对道德具有敬畏之心，能够在任何时候守住做人的底线。有人格尊严意识的人会尊重自己，善待自己，这是尊重他人的前提。一个人如果不把自己当人看，也不会把别人当人看，就不知道如何尊重别人；尊重自己就是学会自尊自爱，就是在与他人相处时捍卫自己的人格，不允许他人侵犯自己的合法权益；同时具有人格尊严的人还会尊重别人、关爱他人。具有人格尊严的人明白这世界是与他人共同组成，也只有借助世界才能获得自己的自由和幸福。因此，具有人格尊严的人能够尊重社会规则和规范，尊重他人，愿意去关爱他人。

但是，在今天很多中国人也可能因为物质的匮乏，将自己贬低为动物的境界，只知道吃喝玩乐，没有任何道德信仰和思考；还有些人只关心自己的

①[法]托克维尔.《论美国的民主》，董果良译，北京：商务印书馆，1996年，第625页。

物质所得，整日关心的是车子、职位、金钱等，这其实还没有脱离动物的境界。道德是人的类意识，是人区别于动物的根本属性之一，如果没有道德意识，永远只想到自己，就只能是冯友兰先生说的“功利境界”，这种人还没有很好地将个人与动物区别开来；人格尊严意识缺乏，就会在面临道德选择的时候放弃道德，就会对道德没有敬畏之心，会漠视规则侵害他人甚至伤害社会。

（5）道德人格教育存在的问题。道德教育是培养道德人格的重要手段。马克思说：“改变了的人是另一种环境和改变了的教育的产物”[①]，环境的熏陶对道德人格形成有巨大的作用。其中，道德教育通过教育者主动的、有组织、有计划地对受教育者施加影响，为个体提供价值观导向和规范导引，对受教育者进行情感熏陶、意志锻炼、行为训练等，这是道德人格形成的必备素质和必经过程。但是，长期以来中国的道德教育在培养道德人格方面有很多欠缺：①学校对学生人格关心不够。学校道德教育是人格培养的重要基地，但是学校在很长一段时间内是重智育而轻德育的。中学更多面临巨大的升学压力，德育形同虚设；到了大学阶段，是道德个人形成的关键时期，大学生也面临着选择的迷茫、感情的苦闷、价值观的冲突，但是当前道德教育远离了大学生生活，不能很好地满足大学生的需要，促进大学生道德人格的成长。②重知识而缺少道德的践行。道德人格的形成有其固有的规律，而对其规律的把握是形成道德人格的前提。但是在当前的学校教育中，或者仅仅重视道德规范的认知，或者道德的讲解并不符合学生成长的需要，不能解答学生的困惑，也不能很好地得到学生的认同。③道德人格教育范围过窄。道德人格教育也应该随着社会的变化而变化，但是当前道德教育主要是在学校里，但我们的社会变化是巨大的，有些领域的新问题需要及时关注并且改善。比如老年人的社会公德问题，是伴随着社会变迁而逐渐产生，这些都需要我

①《马克思恩格斯选集》第 1 卷，北京：人民出版社，1995 年，第 59 页。

们加强这方面的教育。

（6）价值虚无主义的泛滥，导致了道德标准混乱，甚至道德虚无。价值是人们生存和行为的内在向导，价值是一个系统并且有层次之分。“从纵向层次来看，价值系统可存在着终极价值、规范价值与功利价值。”[①] 终极价值是“人的灵魂的自我形象”[②]，在价值系统中处于核心位置，它“以对‘自由’的追寻塑造美好的人性，是社会的文化价值权威，规定着人与社会的深层精神面貌，统摄、范导着其他价值规范”[③]。规范价值包括道德规范价值和制度规范价值，维护着社会的正义和秩序；功利价值是以金钱、权力等为核心，以满足欲望为尺度，以创造功利的“效率”为衡量标准。终极价值最终决定着规范价值和功利价值。在历史上出现的终极价值尺度，在西方主要是以神性的价值，为人类提供了终极价值；在中国主要是以传统的意识形态为人类提供了终极价值（比如中国传统社会家国同构的社会结构给中国人提供的终极价值是家国情怀，而新中国成立后，中国社会提倡的是大公无私的精神价值），人们对道德的认可和实践，根本在于对道德体现的价值的认可，终极价值为道德人格提供了最终依据。

今天，伴随着现代社会的发展，却出现了价值虚无主义，也从根本上影响着道德人格的缺失。价值虚无主义在于对终极价值表示怀疑甚至主动放弃，或认为根本没有值得去信仰的东西，而直接转向了第三层次功利价值。但功利价值并不能保证道德价值。价值虚无主义无法为人格的塑造提供最基本的根据，功利价值恰恰消解了这种规范价值，这样人们就变得道德冷漠，甚至

① 刘宇．论当代中国价值虚无主义精神状况及其超越，《道德与文明》，2014 年第 3 期，第 99 页。

② 李德顺．《价值新论》，北京：中国青年出版社，1993 年，第 267 页。

③ 刘宇．论当代中国价值虚无主义精神状况及其超越，《道德与文明》，2014 年第 3 期，第 99 页。

觉得道德是多余的，而直接摒弃。这种价值虚无主义根源于现代社会价值断裂。而今天人们对什么样的行为、品质和境界是高尚的、崇高的有自己不同的看法，归根到底是人们的价值标准发生了巨大变化，甚至混乱。

而现代市场经济资本的逻辑将人的功利欲望发挥到最大，大众娱乐文化又将人类直接推进了碎片化、快餐文化中。功利价值或者物欲的价值以狂飙式速度将人的心灵卷入之中。道德心灵出现了无序、扭曲，难怪有学者指出："现代人道德心灵出现无序、混乱、灰暗、扭曲以至于发生畸变的深层原因，在于现代人放弃了对"值得过的伦理生活"之意义的省察、导致了愈来愈严重的道德心的疏离，患上了一种'伦理精神'的疾患。"[①] 当整个社会关心的重点完全转向了财富增长的最大化，没有人愿意花费心思关注个体的精神世界。现代人沉迷于物欲横流的世俗世界，已经无暇去反省自己，自己的灵魂安顿在哪里？一个在物欲面前失去灵魂引导的现代人，能够有什么人格的诉求和关切？

（7）道德主体道德人格建设的断层。道德人格的困惑和危机不仅仅有社会历史原因，也有道德主体自身的原因，与道德主体自身发生的巨大历史变化密切相关。传统伦理社会形成了明确的尊卑贵贱和仁义礼智信的稳定伦理结构，人们按照自己在社会关系中的位置来实践就足矣，缺乏人的自主选择权，自由意志是被压抑的。这当然有其历史局限性。但是今天，伴随着社会价值取向的多元化，社会道德越来越多样化，社会道德的强制性已经开始减弱，越来越依靠个体自身进行行为选择。同时，市场经济也极大地调动了人们的自主性、选择性。人真正开始成为自己意志和行为的主人。但是人有了道德自主权，并不一定真正会运用这个权利，这需要个体有一定的道德理想和道德反思能力，才能真正形成在道德选择权基础上的自我约束与命令，

---

① 袁祖社.《文化与伦理 基于公共性视角的研究》，北京：人民出版社，2016年，第 265页。

形成为自己、为他人负责任的道德自律人格。道德人格并不会自动形成，当道德主体有一定的选择权的时候，有些人就在善恶之间选择了恶；而有些人则伴随着道德理想和情感的发展选择了善，这就出现了道德人格千姿百态的情况，有人趋达真善美的境界、有人却在深陷假恶臭的泥潭。这就像狄更斯在小说中所说的："这是最好的年代，也是最坏的年代。"

（8）传统道德人格类型的问题。中国传统社会的伦理是以儒家伦理为主，指向一种"人格道德"，它诉诸的是主体的人格境界修为和人格理想的养成。有学者就指出："儒家伦理彰显的是内倾型和向内追求的价值定向，形成了它注重人格精神修炼和个体内在品格修养的基本德性伦理品格。"[①] 如儒家推崇"三军可夺帅也，匹夫不可夺志也"、孟子"富贵不能淫、贫贱不能移、威武不能屈"的道德气节和"养浩然之气"的修养观，王阳明，"人胸中各有个圣人"（《传习录·门人陈九川录》）的人性立场，以及"仁者以天下万物为一体"的博爱精神，都是这种道德人格信念的表达。这种人格信念对塑造中国知识分子的道德境界有积极的指导意义。但是由于其人格境界的高层次性，就会曲高和寡，难以成为主体主动选择和独立意志的体现；同时传统社会也由于个体道德权力和道德选择自由的缺失，这种道德人格很难具有普遍意义上的文化示范性和广泛、持久的影响力，其对道德个体的约束力和激励性更是难以持久。

在现实生活中，中国传统的人格不仅仅有仁人志士的理想道德人格，也有大量民间的私民道德。"私民"是"以个人利益、私欲及其自然人身份而产生的人际关系作为处世的基本原则"[②]，这种道德人格是以个人、家族利益而不讲对社会、他人的责任和义务。这与中国传统人生活在熟人社会密切

---

① 万俊人 .《伦理学新论》，北京：中国青年出版社，1994 年，第 100 页。

② 朱金瑞等 .《新中国成立以来公民道德建设的历史演进》，北京，人民出版社，2015 年，第 9 页。

相关，由于公共生活和公共空间不发达，人们形成不了为陌生人负责的道德人格，反而只是以个人或者家族私欲为行为的指挥。这种道德人格基因到了今天的陌生人社会里，就只会和市场经济重视个人利益自然地结合起来，更加剧了人们的自私人格。传统理想人格和现实人格的巨大差距，说明了道德人格具有层次性，建立一种符合现实人需要的道德理想人格的必要性。在今天的陌生人社会，这更需要我们认真思考，树立一种客观科学的道德规范体系，即体现道德的引领，也能满足大多数人道德的需要。

（9）道德规范的实现和内化问题。“一定时期占主导地位的规范体系，既制约着人们的行为，也从社会价值观念等方面制约着人格的取向。”在今天道德规范处于一个极其尴尬的境地，我们并不是无道德规范，但是这种道德规范对某些人的影响力却不高。2001 年，中共中央颁布了《公民道德建设实施纲要》，提出了对公民的基本要求：爱国敬业、明礼诚信、团结友善、勤俭自强、敬业奉献；2019 年 10 月，中共中央又提出了《新时代公民道德建设实施纲要》中个人品德的主要内容：爱国奉献、明礼遵规、勤劳善良、宽厚正直、自强自律。可以说，这些道德规范对人格的培养提出了明确的要求。但问题是如何才能化规范为自觉。比如今天的诚信友善，社会上却形成了大量的道德冷漠和失信，导致了人与人之间的信任度极低。原因是什么？道德规范的颁布是容易的，深入人心才是最终目的。①现代社会关系的巨大变迁，人们的公德观念却没有形成。现代社会是陌生人社会，人与人之间的交往多在公共空间，形成了陌生人社会。这完全不同于传统熟人社会人与人之间的交往。陌生人组成的共同体也需要规则和规范，陌生人之间也需要有伦理规则，比如陌生人之间的友善。但是我们传统的友善是对自己亲人的友善。但是如何对待陌生人我们是缺失文化基因的。而且社会报道经常出现陌生人之间相互坑蒙拐骗的事件，使得人们自然将他人作为坏人，在心理上天然树起一面屏障，那何谈友善。西方有宗教的传统，“在上帝面前人人平等”的观念和宗教的他律规范，反而有利于形成平等相待的观念和对自我的约束。而今天的中国，面对陌生人的环境，我们并没有学会如何对待陌生人，更不会关心陌生人，友善从何而谈？可见，道德规范内化为道德自觉，也需要形成一种有利于道德形成外部环境和文化环境。②“奉献”观念。其实奉献包含的内涵很丰富，比如人们在自己的岗位上尽职尽责也是一种奉献，但是今天有些人一谈“奉献”总是觉得虚伪，虚伪的道德不会为人民所内化。这是因为传统社会，我们谈奉献更多会指向为了国家集体利益，不惜放弃个人利益甚至失去了自我。而在今天市场经济条件下，人民的权利观念大大提升，人们更加追求的是实现个人利益和社会利益的统一，而不是仅仅为了集体利益牺牲个人利益。而且社会上又有大量的科研工作者为国家做出了巨大的贡献，但其一生的所得很可能比不上一些演艺明星一年的收入。这个时候，部分人就会觉得“奉献”是不是太虚伪了。因为人们的心理潜意识上还是有一种德福一致的观念。这就不利于奉献道德观念的深入人心。从道德规范到道德人格的形成有巨大的鸿沟需要跨越，这需要社会各个方面的共同努力。

（10）现代社会的道德理论问题。传统伦理理论主要是以好生活作为我们探讨的内容，而好生活涉及了德性、涉及了动机等道德人格修养问题。比如苏格拉底说，未经审查的人生不值得过；亚里士多德说，幸福需要德性来实现幸福。而中国的理论就更多指向了人格的修养和修为。而今天中国人当前出现的人格问题，还有一个原因在于“现代人放弃了对‘值得过的伦理生活’之意义的省察，导致愈来愈严重的道德心的‘疏离’”[1]，当代美国著名伦理学家迈克尔·斯托克指出，或许除了少数值得尊重的例外情形，现代伦理理论只处理理由、价值观与辩护根据问题。他们没能省察伦理生活的动机与理由、价值观念与约束。“一种好生活的一个标志就是一个人的动机与

①袁祖社.《文化与伦理 基于公共性视角的研究》，北京：人民出版社，2016年，第 265 页。

理由、价值观念与辩护根据之间的和谐一致。不受一个人所看重的东西——一个人相信是善良的、美好的、正当的、美丽的等事物——所驱动，这显示了是一种精神上的疾患。不看重驱动一个人的东西亦复如此。这样一种疾患，或这类疾患，可以恰当地称之为道德分裂症——因为他们造成一个人动机与他的理由之间的一种分立。”①在这种理论下，就会出现人们仅仅关心规则，并不关心自己成为什么样的人这样的人格问题。

（11）大众文化弱化了道德。今天，大众文化成为文化的主力，主要表现为以传媒和新媒体为代表的媒体文化等，这是由文化传媒和市场所推动的。大众文化区别于传统经典文化，经典文化诉诸人们的理性认识和道德引领。而大众文化则表现出偏向感性愉悦的特点。“它不以提供给对世界的理性反思为目的，而主要倾向于创造娱乐大众的文化形式，达到‘捕获’大量受众、获取商业利润的目的，因此，感性层面上的‘快乐’成为大众文化的运作核心。”②大众文化往往以低俗的传播品和“审丑化”的内容出现，这种文化让人丧失了对意义的探寻和生活的反思。其目的是经济的，其精神是感官的娱乐。“这种文化可怕的背后是非人化和物化，这种危险里隐藏着自我的失落和意义的虚无。”③在满足感官快乐的庸俗文化中，人们得到的也仅仅是短暂的快乐和快乐之后的空虚，在娱乐与狂欢的觥筹交错中，人们丧失的是对自我德性的追寻，毕竟理性思考远没有感官的快乐更容易给人以欢乐的刺激，但是理性的思索却给人以长久的内心安定，但是大众文化已经悄悄侵占了人的时间，好似人间只有短暂的享受才值得，在这样的文化中，人渐渐被

① 参见迈克尔·斯托克.《现代伦理的精神分裂症》，谭安奎译，载欧若拉·奥尼尔等.《美德伦理与道德要求》，江苏人民出版社，2008年，第78、79页。

② 王一川.《美学教程》，上海：复旦大学出版社，2004年，第160页。

③ 傅守祥.欢乐之诱与悲剧之思——消费时代大众文化的审美之维刍议，《哲学研究》，2006年第2期。

裹挟进去，也渐渐丧失了理性思考的能力，这必定不利于道德人格的成长。

（12）传统道德人格的消极影响。中国漫长的传统社会基本上等级制度，形成了等级制的伦理规范，即君为臣纲、夫为妻纲、父为子纲。在这种制度下，形成的是依附人格，其最大的特点是不自主和不自由。这样就形成了口是心非、阿谀奉承，甚至当面一套背后一套的人格特点。同时中国传统社会集体生活不发达，也造成了部分底层百姓自私自利，“各人自扫门前雪、哪管他人瓦上霜”的心理特点，使这些人表现出自私自利，对公共事务并不感兴趣，觉得与自己无关，更没有公德观念。而这种人格特点延续到今天，其负面作用就变得极大，比如漠视陌生人权利的，漠视规则等，在根本上也体现了自己人格的不健全。

5.2 中国当前理想道德人格内容

道德人格来自道德规范的内化。因此，道德人格建设中我们认为必须有合理的道德规范的引导和规制。这种道德规范是什么样子的？兰德指出：“人类没有自动的规范，没有自动的活动进程，也没有一套自动的价值观。他的意识不会自动告诉他：对他而言，何为善恶，何为利弊，他应该追求什么目标？通过什么方式达到目标？他依靠什么价值、需要采取什么行动进程：他的意识不得不自己去发现这些问题的答案——但他的意识将不会自动获得。”[①]这提出了人们去寻找道德规范的必然性和必要性。面对现代社会的巨大变迁，不少学者提出了自己的主张，比如当代法国哲学家吉尔·利波维斯基认为，人类已经进入了“后义务时代”，人们的行为已经从强制性的无限责任、戒律和绝对义务中解脱出来。在“后义务时代”，人类只需要“最低限度”的

① 安·兰德.《自私的德性》，焦晓菊译，北京：华夏出版社，2007 年，第 9 页。

道德。[1]不少中国学者也认为我们应该建设底线伦理（以何怀宏教授为代表），那我们树立理想道德人格的依据是什么？

5.2.1 中国当前理想道德人格建设的原则

首先，立足于中国全球化的历程，构建具有“全球视野”“人类整体性生存本位的文明风范”，通过与不同的伦理文化对话形成具有前瞻性的“道德典范”。这种国民典范人格，可以与世界接轨，可以让中国的伦理规范和价值主张走向世界，为世界道德问题的回答，提供中国的方案和解答。

其次，立足于中国现代化的发展实际。中国从1978年之后开始了改革开放的历程，社会开始进行现代转型。现代化下的道德要求与传统截然不同，但是不能脱离传统。一个方面，传统给我们留下了大量的与现代社会价值观不相符的东西，需要我们去涤除；另一方面历史经验表明，一个国家仅仅借鉴其他国家，不敢正视自己的传统文化或者传统道德，就无法构筑自己的精神大厦。因此，构建符合中国现代化特色的道德规范需要正确对待中国传统，在传统和现代的张力中，实现中国人格自身的现代化，这是中国建设道德人格规范时要思考的问题。

再次，道德人格规范要借鉴中国道德人格建设的经验和教训。在过去的四十年，中国人为建设道德人格提供了很多有益的经验，但同时在建设过程中，我们仍然有很多教训。比如道德人格片面强调了其理想性，但是大多数人并不能达到，这样的道德建设就是无效的。万俊人教授认为：“现代中国道德人格的形象是既要保持道德理想人格的先进性和社会道德境界的层次感，同时又要防止超越人们现实认同能力的人为拔高，更不可使道德的理

① 吉尔·利波维斯基.《责任的落寞：新民主时期的无痛伦理观》，倪复生、方仁杰译，北京：中国人民大学出版社，2007年，第14页。

想人格形象与社会的基本道德要求产生价值取向上的背离和冲突。”① 而在2001年颁布的《公民道德建设实施纲要》，就平和了很多。总之，道德人格建设应该遵守人的道德客观状况。

最后，立足于道德本身。道德本身的客观规律是我们建设道德人格要遵守的。道德具有主体性，孔子说，为仁由己。这指出道德是主体自主选择的结果。道德还具有层次性，道德人格也具有层次性；道德还具有导向性和理想性，因此道德人格建设也应该具有层次性。不同的人、不同的角色等都应该有自己的道德追求和道德义务。不能把少数人“应该”达到的道德境界强加为多数人的道德义务；对某些人来说也不能仅仅完成普通道德人格。唯有构建适合每一个道德主体相适应的道德，才能真正形成道德人格，也才能形成有序的社会环境。

5.2.2 中国当前理想道德人格的内容

（1）独立人格：现代社会道德人格的基本特点

现代社会大大区别于传统社会的等级制和专制制度，促进了人的自由全面发展。现代社会的人，也迈向了更加自由、独立。因此，现代社会的道德人格的性质首先是独立人格。真正的人格体现了人的主动性、创造性和自主性的特点。独立人格是指一个独立的人。这种独立是指能够不盲从权威而根据理想做出自己的理性判断，能够不畏外在力量做出自己的判断，以及在情感上不依赖他人，情感自立。独立人格根源在于人的独立性。首先，人能独自运用自己的理性，不屈从于外在的权威，能做出批判和质疑。其次，意志自主。人能够根据自己的意志做出自己的选择。最后，情感自立。人在情感上能够不依赖于别人，独立的处理情绪、情感，做自己情感、情绪的主人。独立人格是人自由的重要表现。改革开放之后，中国开启了现代化的快速发

① 万俊人.现代社会道德合理性基础论证，北京大学学报（哲学社会科学版），1996（2）。

展，为独立人格的塑造创造了条件。首先，现代社会是市场经济，市场经济条件下的经营主体是按照价值规律、市场需求自我决定、自负盈亏的独立利益主体。因此，市场经济创造了独立、理性的经济主体；其次，商品经济是天生的平等派，平等打破了传统的依附关系，人与人之间以平等的地位进入市场，以自己的知识和能力来实现自己的人生价值，这为人格的独立奠定了物质基础。最后，现代社会是法治社会。公民在法律面前人人平等，法律也规定了每一个公民的权利和义务。这样，每一个公民都能在法律范围内掌握自己的命运，这为独立人格的形成奠定了社会基础；同时，法治社会是以法的形式为规则的社会，公民需要遵守规则，这就塑造了每一个人的责任观念。

（2）社会理想道德人格的具体内容

①陌生人之间的公共道德人格

在现代社会，人与人之间大部分是陌生人之间的交往，而陌生人之间的交往需要遵守公共道德，个人也需要形成公共道德人格。今天出现的道德冷漠是对公共道德的伤害，应该尽量避免。公共道德人格是对公共性行为规范认识的基础上形成的人格。我们认为这种公共道德人格表现为尊重、同情、诚信和友善。

一是尊重。现代社会真正确立了人的独立、自主、发展的根本主题。《走向全球伦理宣言》将“尊重”视为“全球最起码的道德共识”，倡导每一个人、每一个种族、每一个宗教都应该对其他人、其他种族、其他宗教表现出宽容和尊重。尊重是全球化下彼此交往的最重要的伦理原则。在陌生人社会，相互尊重是基本的道德规范要求。康德“人的目的”的思想为我们理解现代社会人与人之间的责任义务关系提供了基本的价值遵循。康德说：“人，以及与他一起，每一个理性创造物，才是目的本身。”[①]“一个有价值的东西

①[德]康德.《实践理论批判》，韩水法译，北京：商务印书馆，1999年，第95页。

能被其他东西所代替，这是等价；与此相反，超越于一切价值至上，没有等价物可代替，才是尊严。”① 马克思指出，未来的社会人与人之间是互为手段和目的。因此不论是谁，任何时候都不应把自己和他人仅仅当作工具，而应该永远看作自身就是目的。人是目的表达了现代社会所独具的对人的自由、价值、尊严的维护，确立了人对美好生活向往的人性要求，可以得到大多数人的承认和认可。人是目的，确立了人的内在价值，确立了人与人之间人格的平等，在道德关系上就确立了人与人之间相互尊重的基本道德义务。相互尊重，尊重他人，不肆意侵犯别人的权利，并合乎理性地对待他人。在公共生活领域，也能够在彼此尊重的基础上，和谐相处，协同处理各种公共事务。当然在私人生活领域，人是目的，要求人自我负责，自我完善。

二是同情帮助。人是目的，生命是其他一切发展的基础。每一个人生命都只有一次，《世界人权宣言》说，人人都有权享有生命、自由和人身安全。我们对周围的人，在紧急时刻也有同情帮助的义务。同情是帮助的前提。同情是千百年来人们在生活和实践中形成的一种对他人的苦难、不幸产生的同理心，进而看到别人处于危难而伸出援手。同情体现了对他人痛苦的感同身受，将他人与自己视为一体。在中国儒家孟子看来，无恻隐之心非人也。同情是人的四个善端之首，是所有一切道德规范的心理来源。在叔本华看来，同情产生了两大基本道德原则即不伤害他人和尽量帮助每一个人，于是产生了公正和仁爱两大基本美德。康德将任何人看作是目的的观点，也有助于对同情的深化。每一个人作为人格平等的人，人格价值是平等的。因此，人与人之间需要平等相待，更可以在他人困难时产生同理心，随之产生同情和帮助。但同时，现代社会之间的交往由于更多是陌生人之间的交往，陌生人也很有可能出现痛苦状况，但也更不容易生发出同情（比如由于中国人天然的

①[德]康德.《道德形而上学原理》，苗力田译，上海：上海人民出版社，2002年，第53页。

无宗教情感，我们对陌生人的义务总是很模糊）。可见，现代社会人与人之间更需要同情和帮助。对弱者的同情和帮助也体现了人类社会区别于动物世界的特点，是人之为人的表现，也是一个好社会的重要表现。当前社会中存在的道德冷漠，是对人的社会属性的否认，导致了人与人之间的隔膜，必然不利于每一个人的生存和社会发展。

三是诚信、友善。诚信在中国传统文化中具有本体论的地位。孟子说："诚者，天之道也；思诚者，人之道也。"孟子认为，"诚"是自然万物运行的根本，努力寻求达到"诚"的境界，应是为人法则，是做人的规律；"反身而诚，乐莫大焉"，认为反省自己、达到"诚"的境界，是最快乐的事情。诚信是做人的首要原则。人而不诚，不知其可也。诚信首先不是对别人，而是对自己。如果一个人对别人不诚，是因为他对自己不真诚，或者说，他不愿意将真诚纳入自己的人性之中，这种人必然让他人不可信，也不可能有很高的修养和情操。"信"是指信任、信用和守信。在今天，陌生人社会中，诚信仍然是人格的要求。现代市场经济本质上是建立在契约基础上的信用经济；同时公民的诚信人格也能促进民主政治和社会主义文化的发展。因此，现代社会急切需要诚信。

友善是指对待别人的态度和蔼、友好。公民之间的友善是相互信任的前提，也是社会和谐的基础。在陌生人社会，诚信和友善具有最大的共识性。这是因为，在陌生人社会中人也不是孤立的，需要在和他人一起组成社会、团体生活。因此，人与人之间的诚信友善是社会基本的需要，否则这个社会就不利于任何人生存。比如，近年来出现的碰瓷现象，利用了人们的善良，这种现象一发生就引起了全社会的谴责，主要原因就在于这种现象极大地破坏了人与人之间的诚信和友善，长此以往，当人处于危急时候，其他人就不敢伸出援手，这样的社会不利于其中的任何一个人的生存，长此以往，社会就会崩溃。诚信友善能够极大地维护社会整体性的存在。

②角色道德人格

每一个人都承担着一定的社会角色并通过角色获得一定的社会身份，社会对某一角色也形成了一定的角色要求和角色期待，个人承担起相应的道德义务和承担相应的道德责任，这样就形成了角色道德人格。角色与职业并不一定等同，根据角色是否与职业有关，将角色分为职业角色与非职业角色。职业角色是在社会关系中与特定的职业位置相适应的行为模式。它规定了从事某一职业的人应该做什么，不应该做什么，规定了与某一职业位置相应的责任、权利与义务。工人、农民、记者、编辑、法官、驾驶员、会计、教师、公务员、医生、护士、文艺工作者、厨师等，凡是在社会职业分工中居于某一职业位置的人，都属于职业角色。非职业角色是关于在社会关系中没有特定的职业位置的人的行为模式。它规定了处于非职业位置的人应该做什么，不应该做什么，应该尽什么责任和义务，应该享有什么权利。公民、居民、邻居、朋友、父母与子女、长辈与晚辈、夫妻、恋人、学生、学者、病人、消费者、顾客、乘客、游客、观众、听众，以及儿童、青年、中年、老年等，凡是不与职业位置相联系的人，都属于非职业角色。

人是处于社会关系中的人，社会中的角色也是多样的，扮演好自己的角色，遵守自己的角色规范是社会有序的基础，也是社会和谐运转的基础。每一个人履行好自己的角色道德，也能促进经济发展；同时角色道德也可以对人们的行为有监督作用。由于每一个人的多重角色，比如职业中是教师、在家庭中是父母，在工作中是同事关系。因此，角色道德人格要做到人格的同一。角色道德人格同一，是指角色承担者的“角色道德”意识和“角色道德”行为与该“角色道德”的权利、义务和行为模式相一致或基本相一致。比如公务员是工作角色，就要全心全意为人民服务；而不能将权力为自己谋福利，这就是角色道德同一。如果多重角色混淆了，那么就是角色道德失范，就必然导致社会无序。角色道德有大量的和职业道德相一致的，但是也有些角色兼具职业道德和角色道德的属性，需要完善自己的道德人格。比如在我国，由于历史传统、政治与行政体制等原因，官员不仅代表着拥有独特身份的社会角色，他们的职业行为和职业形象具有鲜明的社会性和广泛的社会影响，而且社会公众、政府对官员提出了特别的道德要求，即为政以德、以德治官，也就是要做一个好人来影响社会；但同时官员作为一个职业，需要具备完成政府管理和社会服务的责任意识。因此，中国的官员不只是一个合格的职业工作者，也要努力做一个社会的道德典范，引领社会风尚。习近平曾经指出："面对纷繁复杂的社会现实，党员干部特别是领导干部必把加强道德修养作为十分重要的人生必修课……以严格的标准加强自律、接受他律，努力以道德的力量去赢得人心、赢得事业成就。"[①]这主要是对官员的角色道德提出的要求。

③社会理想道德人格

社会理想道德人格是一个社会理想在人格上的体现，具有引领性。一个社会需要社会理想道德人格的指引，来彰显真善美的真意。这也是我们理想道德人格的重要组成部分，否则，就不知道这个社会的道德走向何方，就无法从更高层次上去评价道德，引领风尚，就没有道德的希望和方向。中国传统社会是以成贤成圣作为理想人格的，成为有志之士追求的目标。比如周公、孔子都是圣人。这种人格的特点是内心无私为民。即张载所说的，为天地立心，为生民立命，为往圣继绝学，为万世开天平，最终实现自己道德人格的至善和为天下谋福利的人格。今天中国社会的理想道德人格是指先进道德人格，主要表现在：共产主义道德情操、社会主义、爱国主义和集体主义的思想信念；以国家和社会利益为重的价值取向；见义思利、义利并举、以义为上、天下为公的道德情怀。这种道德人格是一种融真善美于一体的道德人格，

① 总书记河南考察侧记[N].河南日报，2014-5-12.

主要体现在一些共产主义的先进分子还有一些最美人物现象身上。在现阶段虽然还不是社会中大多数，但是具有极强的示范作用和感召力，成为社会价值道德导向的航标。对个人来说，这种理想人格并不是对个人利益的损失，而恰恰是对生命负责的表现。社会理想道德人格，表现了人性的光辉和崇高，是人性极致的体现。

这种理想人格是理想的又是现实的。它的确立应该基于个体对社会理想道德目标的自觉认同和选择，并在此基础上将之内化人格。因此，社会理想人格不是空中楼阁，是对社会道德理想目标确定基础上的选择。而社会理想目标的确定根本是建立在对社会发展规律的正确理解基础之上的。马克思主义指出了未来的理想社会是共产主义社会，我们今天也以共产主义道德理想作为我们的理想道德人格。同样，这种道德人格的实现也依赖于个体自身的道德理想与社会道德理想一致下个体自由的创造性的实践。因此，它既是个体的，也是社会的，既是自由主体选择的结果，又是自我人格理想与社会道德理想不断接近、吻合和逐步现实化的追求过程，它既具有个体内在的典型化个性化特征，也具有社会道德理想化普遍化的价值意义，是现实性和理想性的统一；它既表现为精神的内在追求和内在理想，也决定着人格整体的外在扩展的外向超越。

④底线道德人格

道德是人与动物不同的存在表征，道德仅仅是属于人的，也是人区别于动物的显著标志。“只有人才有道德，道德只是人的道德，它的唯一属性是属人的，人与道德是完全同一的。”[①] 底线道德人格是指作为人最基本道德的“下限”，是最基本的作为人的道德标准，失去此标准，人就不能称其为

① 李亚彬.《道德哲学之维——孟子荀子人性论比较研究》，北京：人民出版社，2007 年，第 247 页。

人，就沦为非人。底线道德人格是千百年来沉淀下来的人的精神文明的体现。对底线道德人格的内容众说纷纭，最重要的是对何为“人”的理解，是对人的文明属性的理解。以马克思的观点来看，自由自觉的有意识的劳动是人的本质属性，在此基础上形成了各种各样的生产关系及对关系的伦理和规范。但哪些是底线道德呢。

“食色，性也”，饱腹和生存是人性的基本需要，但人不同于动物之处在于人有“礼”要遵守。一些人为了金钱去偷盗、抢劫、杀人越货，这些都将人的世界降低为动物的世界，这些都是底线的丧失。社会中形成的性的道德，人也不同于动物，但是生活中，有些人玩弄女性等都是对于人的底线道德的践踏，这也是缺失底线道德人格的表现。底线道德人格是人区别于动物的最低限度，体现了人的价值和尊严。

5.3 道德人格培育的基础和途径

道德人格的培育要探析其理论基础。道德人格本质是人性的提升。因此，道德人格培育的理论也应该回到人性。历史上中西方对人性的理解不同，二者都谈到了人性的真理的一部分，都可以为我们进行人格培育提供理论的启迪。

5.3.1 道德人格培育的人性基础

中国传统道德有丰富的关于人性论的探讨。孔子说，性相近也，习相远也。（《论语·阳货》）这里指出了人性相似，但是后天修习变得不同；在孟子看来，人有四个“善端”，“仁义礼智，非由外铄我也，我固有之也，弗思耳。”（《孟子·告子上》）人具有四个善端，“端”也就是萌芽，人具有一种道德的潜能，但自身是不完备的，要将这些潜能转化为现实需要后天的努力，这就是扩而充之的功夫。孟子说：“凡有四端于我者，知皆扩而充之矣。若火之始然，泉之始达，苟能充之，足以保四海，苟不充之，不足以事父母。”（《孟子・公孙丑上》）这指出了人通过扩大充实善端可以君子，否则就成为小人了，也指出了人都有成君子的潜质，但由于自我道德修养的不同，导致了人的人格境界的不同。因此，对于孟子来说，道德人格修养最重要的就是反求诸己，保持自己的本心，并且发扬光大。他的修养方法是存心养性、反求内心，养浩然之气就能达到“富贵不能淫、贫贱不能移、威武不能屈”的君子人格。而那些生活中不善的人，是丧失了自己的“本心”的人，对这些人来说，要求“放心”，也就是找回自己迷失的本心。

荀子主张性恶论，在荀子看来，人性就是人的自然属性，是人天然生成的、不学而能的东西。人的本性是“目好色，耳好声，口好味，心好利，骨体肤理好愉佚”（《荀子・性恶》）。同时他对这种人性进行了道德评价。他说：“今人之性，生而有好利焉，顺是，故争夺生而辞让亡焉；生而有疾恶焉，顺是，故残贼生而忠信亡焉。生而有耳目之欲，有好声色焉，顺是，故淫乱生而礼义文理亡焉。”（《荀子・性恶》）指出任由人的自然本性的发展就会导致辞让忠信荡然无存，为此他指出了一条使人向善，矫饰人之性情的根本途径和方法，这就是诉诸仁义法正，化性起伪，也就是用社会伦理规范、法律规范来约束人们的行为。性善论和性恶论都以社会现象作为立论基础，是不科学的。性善论其实消解了道德修养问题，而性恶论更是不能解答为何恶的本性会变成善这一问题。因此，后来的思想家开始调和人性善恶的理论。直到张载提出了“气质之性”和“天地知性”，这一问题才得到解决。张载认为人有天地之性，天地之性纯善，气质之性有善恶，只能通过刻苦修炼，变化气质，由恶变善，使内在的善性真正得到体现，这就叫作“尽性”或者回归天地之性。之后朱熹提出了“禀气而成德”，提出了万物秉承天地之性，即“理”，但不同的人有不同的气质，也就是气质之性，这主要是修养的结果。他说：“天地之间只有一个道理，性便是理。人之所以有善有不善，只缘气质之禀各有清浊”[①] 他认为能否成贤成圣在于人的个体修养而禀气而成。

在西方，理性主义学派认为，人与动物相互区别的标志在于人有理性。苏格拉底提出了知识即美德的命题，“知善即行善”的主张，认为人的知识对人的道德行为有重要的影响。当然他所说的知识不仅仅包括自然知识、社会知识，还包括人关于自己的知识。德尔菲神庙的箴言：“认识你自己”，苏格拉底的“自知无知”就指出了个体认识自我、认识自己的无知是改善心灵、培养道德的基础和出发点。中世纪基督教认为人生来就有原罪，但人可以通过忏悔、压抑人性来赎罪。马克思认为，人性是人区别于动物的本性。人的本质是社会关系的产物。这指出了要实现人性的完善，要使人的本质得到真正完满的体现，最根本的途径就是要提高生产力、改善人的社会关系。

上述人性论的理解纷呈多彩。中国的人性论基础，为道德人格的自我修养提出了可能性，提出了变化气质，提升人格的可能性；西方性恶论的特点，指出了可以通过建设制度塑造人性；马克思的人性论则为我们从社会角度来改善社会环境，最终实现人格的进步。这些理论为我们在今天建设道德人格奠定了基础。

5.3.2 道德人格培育的原则

道德人格的形成是社会和个体自我修养共同努力的结果。因此，培养道德人格需要各个方面的努力。在长期的历史中，我们道德人格的培育有过成功，也有过失败的教训，这些经验和教训都值得我们借鉴。在探索道德人格培育的路径之前，我们提出了道德人格培育的原则。

首先，先进性和广泛性的结合。道德具有层次性，道德人格也具有层次性。因此，在建设道德人格的时候，既要建设高尚的、理想的道德人格，比

①（宋）黎靖德．朱子语类（第一册），王星贤，点校．北京：中华书局，1986 年，第 68 页。

如共产主义道德；也要建设普通大众的道德人格。比如底线道德人格、陌生人之间的义务道德人格。在很长一段时间内，我们忽视了普通大众的道德人格建设。建设的道德人格具有高端的奉献、无私的道德人格，这种道德人格在今天依然需要，它是社会中一些先进分子、共产党员应该塑造的人格类型。但它不能是现阶段要求所有人都达到的道德人格类型。如果以此为标准，对大多数人来说，道德人格要求过高而达不到，从而变得道德虚伪或者因为根本达不到而放弃道德自我要求。这恰恰是改革开放之前，我们道德培育弊端。因此，在新时代建设道德人格要根据时代要求建设道德人格。新时代大部分人是处于社会主义市场经济条件下，有自己的利益诉求的人，他们也需要道德的引领，因此需要建设与他们的需要相适应的道德人格类型。同时，长期以来我们没有公共空间导致公共道德人格和公共精神缺乏，这也需要我们加强建设。

其次，道德榜样示范的问题。无论中西方都认为人能模仿他人，见贤思齐。因此，中西方都认为可以通过道德榜样的倡导来促进道德人格的塑造。但是在道德榜样的选择和道德榜样的宣传上，有时候也没有很到位。与上一个问题相仿，我们选择的道德榜样过于完美，或者说将其宣传得过于完美，从而变得与大众的距离太远，只能仰望不能模仿。这样的道德榜样有失真实，在今天无法被很多人效仿。榜样的教育作用是客观的，当然可以利用。但是，我们在选择道德榜样的时候可以更加贴近大众的生活，在宣传的时候也不能过于拔高而有失真实。同时，在今天榜样是多样的，可以是生活化的、可以是职业道德方面的、可以是大公无私的公务员，可以根据群体选择相应的道德榜样，其示范效果会更好。

最后，个体和环境的相互配合。道德人格的塑造不仅仅要诉诸人性本身向善的倾向，道德人格塑造还需要环境的配合。环境好能够塑造好人；环境不好，人性向善的倾向也会遭到打击而消失。尤其是在今天，我们的交往关系变得更加复杂。环境对人的影响更加深刻，因此，在今天个体道德修养需要社会道德环境的帮助来实现个体与环境的相互配合。社会需要有一种基本的功能，就是创造一种有利于产生好人的环境。

5.3.3 现阶段道德人格培育的途径

道德人格的培育需要各个方面的努力，创造一个有利于道德人格成长的环境，同时提升道德人格修养的意识，是两大基本途径。

（1）道德人格培育的社会之维

在社会方面，道德人格的环境塑造是多方面的，比如，国家核心价值观的构建和塑造、社会公共空间的培育、道德人格教育等。

①社会核心价值观的构建和塑造

一个社会、一个国家唯有核心价值观，这个社会的公民才会有信仰可依靠、才能有选择的标准，才能有行动的方向。现代社会发生的种种道德人格乱象，可以看到根本在于核心价值的丧失。一百多年前，外族的入侵，严重动摇了我们民族自信，甚至出现了价值坐标的迷茫；而伴随着市场经济的发展，人们功利的价值追求，一切向钱看，追求享乐的物质主义更使得价值失范、心灵失序。有学者指出："我们这个时代最严重的、最深刻的病症是这个社会民众普遍的心灵失序与扭曲。"[①]"在根本意义上讲，是由于合理价值观没有得到真正确立的结果。"[②]在市场经济的大潮中，有人将自己放纵在物欲、享乐中，中国人也放逐了"自我"，个体成了心无可依的"流浪汉"。习近平说："如果没有共同的核心价值观，一个民族、一个国家就会魂无定所、行无依归。"[③]一个社会没有核心价值观就会没有是非判断的标准。因此，

①袁祖社.《文化与伦理 基于公共性视角的研究》,北京：人民出版社,2016年,第46页。

②袁祖社.《文化与伦理 基于公共性视角的研究》,北京：人民出版社,2016年,第46页。

③《十八大以来重要文献选编》，北京：中央文献出版社，2016年，第133页。

解决今天道德人格存在的乱象，根本在于重塑中国社会的核心价值观，重建中国人民的精神家园。核心价值观的背后，“是对某种优良的社会内在性秩序的吁求”。“而通过内在性秩序的构建，来培育人们共同的价值理性意识和信念，借此形成高标的人格境界。”[①]让道德人格的发展可以有一个健康有序的正道，让失序的心灵有一个有序自决的能力。在党的十八大报告中，提出了我们要在全社会培育和践行三个层次的社会主义核心价值观。即在国家层面上“富强、民主、文明、和谐”；在社会层面上的“自由、平等、公正、法治”；个人层面上的“爱国、敬业、诚信、友善”，这三个层面指出了当前中国人价值理想，表达了中国人最高的价值信仰，唯有价值的认同，才能为道德人格的实现提供最深厚的价值支撑。这需要我们政府、社会、教育各个层面去实现核心价值观的认同，这是道德人格塑造的根本。

②实现制度伦理

制度是用集体行动控制个体行动的运行规则。[②]制度是“指人们在行为中所共同遵守的办事规程或行为准则”[③]。罗尔斯认为，制度是一种规定人们的职务和地位、权利和义务及权力和豁免等方面内容正当与否的规范体系，它是一种具有公开性特征的规范体系。[④]因此，制度是一种由国家或者特定组织依据一定的程序制定出来的，并得到社会成员普遍认可的，相对稳定的规范体系和行为模式。只有在“制度规训”的合理性得以真正确立的时候，道德生活才回归到它的真实，道德主体的“自由意志”实践才获得了一个可以依托的现实背景，道德自我追寻的现实历程才得以起步。[⑤]尤其是在陌生

①袁祖社.《文化与伦理 基于公共性视角的研究》，北京：人民出版社，2016年，第46页。
②[美]康芒斯.《制度经济学》，韩朝华译，北京：商务印书馆，1994年。
③袁祖社.《文化与伦理 基于公共性视角的研究》，北京：人民出版社，2016年，第127页。
④[美]罗尔斯，《正义论》，廖申白，何怀宏等译，北京：中国社会科学出版社，1988年。
⑤同上，第130页。

人环境中，面对陌生的他者，人们可能更加谨慎而选择道德不作为，比如在社会上出现的道德冷漠现象。这虽不是社会的主流，但也让人望而却步，道德人格平庸。这种现象是社会转型中出现的问题。表面上看是个人的道德行为没有得到良好的反馈，导致了个人继续行善的动力减弱，这造成了一定的反面暗示，助长了不正之风，使得道德人格形成的环境更加恶劣。人们的“善心”无法安放。这些现象背后折射的是社会的分配不公平和整体社会利益矛盾的激化。因此，道德人格的培养不仅仅是道德本身的问题，还是一个社会问题，需要社会各个方面进行努力。实现制度伦理是首要任务。

制度伦理有两个含义：一是制度的伦理，即对制度的正当、合理与否的伦理评价；二是制度中的伦理，即制度本身蕴含着的伦理诉求、道德原则和价值判断。[①] 因此，制度伦理就是制度本身（包含制度的产生方式、产生程序、制度内容、制度运行方式及制度伦理诉求等）的合伦理性和合道德性。制度首要的伦理本性就是正义性，包括制度规定的社会公民应该承担责任和义务，并以此作为评价社会制度正义与否的重要标准。

制度存在于社会生活的方方面面。每个人一出生就进入了制度的环境中。尤其是现代社会的到来，社会主义市场经济体制的建立，人们的交往进一步扩展，摆脱了血缘宗法关系和狭隘的地域关系，形成了一种与商品经济内在要求和发展相适应的公共交往，这种交往主要不在于熟人社会的交往而在于陌生人之间的交往。这种交往秩序不能依靠传统的熟人社会的秩序模式，而是依靠制度性的力量来建立和维系符合社会道德的公共秩序，这是市场经济道德体系区别于自然经济条件下道德体系的基本特征。现代社会打破了传统社会身份关系进入了契约伦理，这就客观上要求制度作为公共秩序的保障。因此，现代社会制度规定着人的权利和义务，制度伦理水平决定着个体的道

① 方军．制度伦理和制度创新，《中国社会科学》，1997 年第 3 期。

德表现。罗尔斯在《正义论》中认为，对制度的道德评价和选择，应当优先于个人的道德评价和选择。也就是说，人们总是首先选择用于制度的根本原则，然后才能选择用于个人的道德准则——义务和责任。根据罗尔斯的看法，造成道德“失范”的主要原因不在于个人品德修养，而是制度本身的正当性发生了问题或引起了社会成员的怀疑和否定，也就是制度伦理出现了问题。当前出现的一些人格危机，可以归结到制度伦理的不健全。主要表现在：第一，权利和义务的不对等。在现代社会，独立人格和权利的存在，要求制度伦理首要的是规定个人权利和义务的统一，而不是有些人享有权利，不履行义务，而另一些人相反。罗尔斯认为，善的制度就是体现公平正义的制度，只有保证了每一个公民的基本权利的平等和公正获得，才能实现整体社会和谐有序的秩序。在一个不公正的社会，民众必然怨声载道，强化了阶层对立和利益矛盾。在这种社会里，企图个体道德人格的高尚是不可能的。其次，许多学者认为，德福一致是现代制度伦理的集中体现。它不仅包含着公民权利和义务的公正分配，而且包含着健全完善公民社会福利保障体系问题。“一个社会应该努力构建其依靠赏罚分明机制调节社会利益分配的公正的社会结构，在宏观上创造出：‘老实人’不吃亏的合乎人性的良好环境，保证德行是社会的通行证。”[①] 确实，一个社会制度如果只推崇社会成员的义务，而不对无私奉献精神补偿、不对其牺牲精神进行回报，就会导致社会出现赏罚不公导致的权利—义务不公平和德福背离的现象，这就会造成莱因霍尔德·尼布尔所称的“道德的人和不道德的社会”，在这种社会里德行成为有德之人的负担，缺德之人却大行其道。因此，制度伦理的一个重要的方面就是创造德福一致的环境，让道德人格的光辉真正照到人们的心里，让善良之人真正成为人们心中的楷模。公正的、合理的制度伦理规定了相对明确清晰的“道

① 高兆明.《制度公正论》，上海：上海文艺出版社，2001 年，第 176-179 页。

德权利—道德义务”的关联，明确了道德赏罚，这样就促进了个体在不断的道德选择和对道德责任的确立中实现自己的道德人格，逐步见贤思齐提高自己的道德人格水平。2018 年公安部颁布了《见义勇为人员奖励和保障条例》，对见义勇为行为的保障和权益进行了详细的维护，这必然有助于更多的人做出见义勇为的行为。

③公共空间的拓展和公共活动的参与

中国传统社会由于没有形成公共交往领域，人们缺乏社会公共生活的基础，导致了人们的道德主要是对熟人之间的私德，而没有形成一种对陌生人的伦理品质，缺乏社会意识、公共意识和集体意识。这与今天我们公民德性是极其不相称的，面对这种状况，需要拓展公民的公共空间。公共性意味着在一个敞开的公共空间中，“自我”和“他者”的和谐共生，也唯有在自我和他人的相融中，个体才能获得人格的完善和过上有意义的生活。脱离了他者，个体有可能陷入极端原子化状态，一切以自我为中心，公共秩序不可能存在。因此，必须重建公共性，培养公共精神，这是个人和社会走向成熟的标志。阿伦特也特别强调，现代社会应该创造一个自由、平等、非暴力的公共交往领域，以此培养人的公共德性。她认为：“一个人如果仅仅过着个人生活（像奴隶一样，不让他进入公共领域或者像野蛮人那样不愿建立这样一个领域），那么他就不是一个完整的人”[①]。在公共空间中，他们以无差别的平等人进行交往，谈论公共话题，为一定的共同体而付出，超越了个人的特殊性，以共同体的精神和意志塑造着个体的价值理念。个体在公共生活中成长为具有公共精神和公共担当的人。因此，政府、学校、社区要培养和拓展人的公共空间。 比如政府引导公民热心社会公共事业，积极参与社会事务的

①［美］汉娜·阿伦特．《人的条件》，竺乾威译，上海：上海人民出版社，1999 年，第 29 页。

公共管理，比如公民参与平安巡访、交通文明劝导、参与关心下一代工作；非政府组织可以组织一些服务活动，比如垃圾分类、义务献血，还有社区文化的宣传活动等；大学生可以参与校园的一些社团活动，提升责任和奉献的精神。在这些公共活动中，扩大了个体交往的公共领域，在参与有意义的社会实践中培养了平等、诚信、尊重他人的公共道德人格。总之，公共道德人格的培养需要各级部门、学校、社区引导人们从个人利益的关心到公共事业和公共利益的关心。

④道德人格教育的落地

道德教育的根本目的是形成人格。人格是道德教育的归宿。道德人格教育是道德教育的归宿。道德教育是形成道德人格的重要方面，道德教育也需要遵循道德人格成长规律。每一个道德个体都必须按照一个道德人的成长方式去对待，才能成为一个真正的道德人。这就需要去研究这些规律，实现道德人格的健康有序发展。

中国并不缺乏道德人格教育，但确实存在着不少问题。第一，单纯注重道德规范的灌输。教育者将道德人格教育简单地看作是规范的灌输，认为提高了理性认知就能形成道德品格，这是不科学的，道德理性并不代表道德行为，也不代表道德习惯和道德人格；同时，道德教育仅仅重视道德的灌输和强制，并没有促使学生发展出自主、自由、自觉的道德自律能力，反而有可能导致道德强制，学生只是对道德规范机械服从。在现实生活中，就会出现表面上服从内心并不认同的道德虚伪状况。第二，很长一段时期将以政治运动的方式来开展道德教育，这样就会使得政治伦理包办道德教育，道德教育变得可憎；第三，有段时间，中国传统的道德文化遭到了大面积的破坏，失去了道德之根的道德如何融入中国人的血液之中，这是一个很重要的问题。

因此，要实现道德人格教育就必须从理论上阐明道德人格教育的本体依据，只有找到道德人格教育的本体才能找到道德人格教育的途径。

首先，立足道德是美好生活的内在尺度，才能促进道德人格主体的形成。如何理解道德的本质决定了我们会有什么样的道德教育。如果将道德理解为规范，仅仅理解为社会秩序的工具，那么道德教育就是社会规范的教育。但是这仅仅是教育的一部分，而且也不利于形成人格。而且这种道德教育会使得道德成为一种约束，但是道德的含义绝不仅仅是这样。首先，人对道德的思考是人的好生活的需要。苏格拉底说，未经审查的人生不值得过。亚里士多德说，人最高的目的是幸福，而要达到幸福需要德性的要求。因此，道德对于人而言不是工具，而是为了达到一种生活的意义，是人对好生活的需要。道德本身不是远离生活的，就是生活的一部分，而且是生活中最重要的组成部分。中国传统文化中，谈人有道德是人，无道德就非人。如孟子说，人无恻隐之心非人也，无辞让之心非人也，无是非之心非人也；卡西尔认为："人被宣称为应当是不断探究他自身的存在物——一个在他生存的每时每刻都必须审查和审视他的生存状况的存在物。人类生活的真正价值，恰恰就存在与这种审视中，存在于这种对人类生活的批判态度中。"[①]道德就是人去自己发现、发现自己生活的意义，就是人去审视自己生活的需要，是本身生活的一部分。因此，道德教育不仅仅要关系外在规范，道德教育还要回到人性。唯有关心人，才能让人有思考，才能让人选择道德。否则道德就是外在于人，道德对人的意义也仅仅是规范而不是超越，被动的他律，还不是真正的道德人格。卡西尔说："正是依靠这种基本的能力——对自己和他人做出回答（response）的能力，人成为有责任（response）的存在物，成为一个的道德主体"[②]，道德教育必须对生活的价值给予回答，比如回应人类对自我生活意义的追问，唯有如此，道德人格教育才是可能的，其方法也才有新的途径。

① 恩斯特·卡西尔.《人论》，甘阳译，上海：上海译文出版社，2003年，第10页。
② 恩斯特·卡西尔.《人论》，甘阳译，上海：上海译文出版社，2003年，第10页。

道德不仅仅是外在的规范，道德还是人的好生活的内在要求，是人的美好生活的价值需要。因此道德教育必须引导人对自己的生活、对自己人生意义的追求，也就是通过道德教育来对自己的生活负责，对自己的人生负责，此时道德教育就不仅仅是对规范的遵守，还需要道德主体对自己负责，也就是培养道德义务和道德责任为中心的道德人格。这种人言行一致、规则一致。一个道德的行为是基于自觉、自愿、自主的行为。因此，必须将道德和人的生活意义结合起来，才能促进道德主体的进步和道德人格的形成。

其次，回到人性才能使得道德人格教育真正有立足点和基础。道德教育回到人性才能保证道德教育的真实。道德人格是人性的载体，是人性恶的限制和善的高扬。因此，只有正确理解了人性才能找到道德人格教育的基础和立足点。人性是指人的特性，是人之为人区别于一切其他存在物而为人所特有的性质，其核心是人的本质。[①] 对人性的理解东西方呈现了不同的样式。比如西方有理性主义和感性主义、中国有性善性恶论的争论。这些理论给了我们极大的启示，但他们对人性的理解方法根本上是错误的。“人的根本就是人自身”，马克思从人的生活及物质生产方式来理解人性。他说：“生产生活是类生活，是产生生命的生活。一个种的整体特性、种的类特性就在于生命活动的性质，而自由自觉的有意识的活动恰恰就是人的类特性。”[②] 马克思认为人的本质在其现实性上是一切社会关系的总和；人的需要是人的特性。在谈到人的生命活动的时候，马克思指出：“动物和它的生命活动是直接同一的。因此，动物不把自己的生命活动变成自己意志和意识的对象。它就是这种生命活动，人则使自己的生命活动变成在自己意志和意识的对象，……有意识的生命活动把人同动物的生命活动直接区分开来。”[③] 因此，

① 陈志尚.《人学理论与历史——人学原理卷》，北京：北京出版社，2004 年，第 92 页。

②《1844 年经济学哲学手稿》，北京：人民出版社，2000 年，第 57 页。

③ 同上。

马克思从人的感性生命活动出发，认为人的本质就是自由自觉的活动。人是自己生存和活动的对象，人能够通过自己自由自觉的活动进行自我创造、自我否定、自我超越，这是人的本质。马克思也认为人的需要是人的本性，没有人的需要，就无法从事任何活动。同时人是自然属性、社会属性和精神属性的总和，马克思从来不否认人的自然需要，人的自然属性是保持人的生命存在的基础。马克思的人性理论真实、全面、现实又有超越性，为我们研究人性提供了正确的方法论。道德成人是人自由自觉活动的重要体现，人在生活中自由选择恰恰就表明人的道德存在，同时，在理欲、在理想和感性、在人性的矛盾冲突时，选择道德恰恰就是道德自我超越性的表现。人性是道德的基础，道德存在就是人性存在。人性需要道德，道德体现人性，道德人格是建立在人性基础上的人的道德属性的集中体现。道德人格教育就需要立足人性，满足人的需要，同时又要实现人性的升华，真正塑造道德人格。

第一，人性是现实性和超越性的统一。道德人格教育要以人性的完善作为衡量的标准。新中国成立之后的一段时间，中国的道德教育主要是提倡大公无私、自我牺牲、服从集体的奉献性道德，“无私”和“献身”即为至善；为了集体利益而牺牲自我利益即“毫不利己专门利人”忘我的道德人格的最高境界。社会有一定的道德理想才能引导方向，但是当这种理想成了社会基本的规范，而大多数人有达不到的时候，这就违背了人性，忽视了个体价值，甚至生命价值的道德教育必然背离了人性，也违背了道德教育的规律，反而导致了道德人格的虚伪，道德教育就成为可憎的面目。因此，有作者说：“只有使人不仅遵守道德且追求成为一种道德存在的教育才是真正意义上的道德教育。”①

① 刘丙元.《当代道德教育的价值危机与真实回归》，北京：北京师范大学出版社，2012年，第113页。

道德教育要基于社会真实，道德也要反映社会的现实。在传统社会和新中国成立后很长一段时间，我们提倡精英道德或者英雄道德，但是这种道德与人们的实际生活和真实需要是违背的，而到了社会主义市场经济条件下，自利成为经济发展的动因，这也是人的真实的需要。合理利己和公平、公正成了人们的追求。道德教育的目标也应该培养人成为一种走向大众、走向平民的“大众道德”或者“平民道德”，这是大多数人都可以追求到的理想人格。

第二，道德人格要基于真实的人性需要，以人性的完善为衡量的标准。在很长的一段时间内，对道德教育仅仅关注的是道德理想和理想人格的教育，以奉献型和大公无私型作为道德教育的目标，这种道德教育脱离了社会的需要，也脱离了人们的道德需要，不能解决当前道德存在的问题；也违背了道德本身的层次性，结果使道德教育失去了真实的基础，也失去了其权威性；这样的道德教育使人或者变得虚伪，或者更加无所适从甚至道德逆反。因此，道德教育应该基于真实，真实的社会需要、真实的人性需求，将高扬性的道德和现实的道德、榜样道德和大众道德结合起来，才能解决社会中的道德问题，也才能真正满足人和社会发展的需要。

第三，坚持实践的观点。道德人格落实在人的生活实践中，实践是道德人格教育的根本特征。仅仅知识的教育是不够的。道德人格最终要形成一种道德信念及相应的行为方式、生活方式，使学生过一种好生活。由此，道德人格教育不仅仅是要求学生进行积极的智力参与，还要求通过自觉的实践活动获得一种情感的熏陶和行为的训练，最终形成自觉把握生活的能力和稳定的好品格。长期以来，我们主要是从智力上加强道德的学习，但道德人格的形成需要从知到行整体的过程，这个过程，仅仅有智力的参与远远不够，还需要有情感的体验、行为形成的完整过程、甚至是更为重要的过程。道德人格教育的关键是在学生的情感、态度和价值观上下功夫，是学生内心有体悟。把道德变为实践，回归到学生的现实生活。只有这样才能养成人格。

再次，自觉为人，培养人的成人意识，是道德人格教育的前提和重要内容。道德人格教育首先是唤起人的“成为人的意识”，在道德人格的成长过程中，最根本的是人的自觉为人。唯有自觉成人意识的形成，人才能主动地发展自己的自我意识。德国思想家雅思贝尔斯认为：“人，如果要继续是人，就必须沿着自我意识的道理前进。”[①] 自我意识的增长恰恰是人性能够跃升的基础。因此，道德人格教育首先是培养人“自觉为人”的意识。佛罗姆说：“善恶之后果，既非自动，也非命定。它完全是由人做决定的。他依赖于人认真地关心自己、关心自己的生活和幸福……依赖于人有成为他自己，并为他自己而存在的勇气。”[②] 这种意识可以使人在意识到人性中的善恶，而自觉选择善；能够理解别人，做到己欲立而立人、己欲达而达人；能够对同类有同情的理解；能够真正成为人，真正成为他自己。社会上存在的一些人唯利是图导致了道德虚无主义，甚至以自己的人格和道德为手段，去换取金钱；人与人之间的道德冷漠和道德虚伪都是自觉为人意识的丧失。唯有自觉为人意识的增强，才能促进人的尊严意识，也才能真正尊重自己，尊重人格，才能使人从有限走向无限，才能成就自由自觉的道德人格。

最后，教师角色的重新定位。教师在道德人格教育中有重要的地位。教师如何定义自己的角色影响着道德人格的培养。在长期以来的道德人格教育中，因为以道德规范教育为主，教师的角色变成了规范的代表者，对道德规范进行灌输和道德行为进行控制、管理和规训。但这不符合道德人格发展规律。道德规范的灌输不是人格。亚里士多德认为：“我们成为具有某种品质的人，是由于对于善的或者恶的东西的选择，而不是关于何者善何者恶的意

① 雅思贝尔斯.《时代的精神状况》，王德峰译，上海：上海世纪出版集团，2005年，第106页。

② 佛罗姆.《为自己的人》，孙依依译，北京：生活·读书·新知三联书店，1998年，第225页。

见。”[①] 也就是说一个道德人格不只是懂得善而且在于行善。“在生命中获得高尚与善的是那些做得好的人。”[②] 而规训、控制、管理受教育者并不能真正形成道德人格，因为规训、控制和管理只能使受教育者被迫进行道德行为，并不能促进道德理性和自主选择。只有一个人知道他做的行为，并且处于意愿、因其自身之故地选择它时，这种行为才是真正具有道德意义的。一个出于强迫、并不是出于意愿的行为并不具有道德意义。彼得斯认为：“教育要以理性原则为基础，以培养具有独立心灵的自治的个人为目的，反对凭借权威的力量强制灌输各种教条。”[③]

因此，教育者要转变自己教育角色，教育不是控制者、管理者，而是引导者、指导者，培养学生的道德理性能力和实践能力。那如何才能真正成为学生的引导者和指导者呢。首先，教师必须躬行他们所信奉的一切。唯有这样，学生才看到一个真实的人格典范，并进而去模仿和学习；同时教师还需要尊重和关心学生，促进学生积极地思考、选择和体验进而选择、追求和形成信念和行为；因此，以促进学生道德理性能力增长的道德讨论，可以作为道德教育的手段和途径；同时，教师基于对学生的爱，对学生道德人格成长规律的把握和遵循，才能真正做到因势利导，才能真正从知、情、信、意、行等多方面培养学生的道德人格，才能真正打动学生，促进道德人格的成长。

⑤道德人格教育的重点内容

道德人格教育的重要内容：道德耻感教育、人格尊严意识教育和道德自律意识的教育。

首先，重视道德耻感意识的培养。

① 亚里士多德.《尼各马可伦理学》，廖申白译，北京：商务印书馆，2004 年，第 66 页。

② 亚里士多德.《尼各马可伦理学》，廖申白译，北京：商务印书馆，2004 年，第 23 页。

③R.S.Peters. Essays on Education and Education of Teachers. Rout ledge& Kegan Paul, 1977: 48.

道德耻感在道德人格建构中发挥着重要的作用。孔子指出“人不可以无耻”，拥有耻感是人与动物的本质区别。孔子认为，一个人要齐家治国平天下，必须从修身做起，而修身的关键就是知耻。在回答“何为士”时，他指出，行已有耻，使于四方，不辱君命，可谓士矣。可见，在孔子看来，以羞耻之心约束自己的行动是成为“士”的基本条件。因此，耻感本身是一种人的内在人格的表现。同时耻感还是道德人格形成的动力。舍勒认为人有本质秩序和存在秩序的区别，存在秩序是动物的自然秩序，本质秩序是以“神”的秩序标识人的完满存在状态。① 舍勒指出：“人有羞耻感是因为人的精神能使人意识到自身与作为完满存在的神的差距。”② 耻感不仅仅是一种认识，而且还是一种意志力量，连接了人的认知和行为，促进道德行为的发生，因此，“耻”具有实践性品格。“当我没有践履善的责任，没有履行应有的义务时，我的思想、行为与我的本质、善的目的，有所差距、落差，这种差距、落差为我所发现，这时，就会产生一种由于脱离本质而形成的耻感。这种耻感驱使我找回我的人格、本真、真我，驱使我要为善。”可见，耻感是一种主体的自我评价能力，是一种自律意识，是一种认知，同时耻感还是一种意志，是驱使向善的力量，道德耻感是内化的极为重要的环节，因此，在道德教育中应将耻感纳入道德教育的环节中。加强耻感教育就要做到有明确的是非观，明确耻与非耻的标准；同时，将耻的标准变为明确的道德律令，将其内化为自己的内心；同时注重耻感的情感培养和意志锻炼。

其次，培养人格尊严意识。人格尊严的相互承认是人格相互承认的根本。人格尊严是人不变的价值。人格尊严意识是人与人的相互承认的意识，唯有这样人才能尊重人，人才能尊重规则，才能保卫道德人格。在生活中发生的

①[德]舍勒.《论害羞与羞感》，北京：三联书店，1997年，第168页。

②[德]舍勒.《论害羞与羞感》，北京：三联书店，1997年，第164—168页。

很多事情都有人格尊严意识淡漠有关。比如，漠视规则、潜规则当道，见利忘义等。康德认为，人为什么遵守道德？道德是理性的人的自我立法，道德不是约束而是人的自我立法，是人格尊严的体现。规则是理性的人之间订立的契约。尊重规则本质上对人的尊重，是对人格的尊重。唯有树立人格尊严意识，才会主动尊重规则来维护自己的尊严，才会因为尊重别人的人格，去维护规则。如果没有人格尊严意识就会出现为了利益而不惜侵犯规则，践踏别人的人格尊严，就无道德可言。甚至就会将人格的堕落和犯罪归结到环境或者外因上。那人的人格和良知何在？苏格拉底说：“一个不能自制的人和最蠢笨的畜生有什么区别？那不重视人最美好的事情，只是竭尽全力追求快感的人，和最蠢笨的畜生有什么区别呢。”中国文化上也说：“三军可夺帅也，匹夫不可夺志也”，志也就是志向，是人格尊严意识的体现。有了人格尊严意识才能有不为五斗米折腰的节操。唯有重视自己的人格尊严，才能维护良知，才能提升品格，对自己的人格尊严负责就可以自尊自重，就可以过道德的生活而不是欺瞒别人。比如我们之前谈到的不文明行为，深层本质就是对他人和自己人格尊严意识的漠视。这当然与个人精神素养有重要的关系，也与中国传统文化有关。中国传统文化有实用主义的特点，并没有很高的精神追求。在今天，提高人格尊严意识是提升道德人格素质的重要途径。人格尊严意识在马斯洛的需求理论中，属于高层次的需要。那如何才能提升人格尊严意识呢？首先是正确的价值观、是非观的深入人心。人唯有真正认同这些价值观，才能在实践中践行道德维护尊严；如果是非不分，就会利己主义盛行，就会在关键时刻放弃尊严。其次，创造良好的环境促进人格尊严意识。坚决维护人的主体地位，支持和维护独立思考坚持真理，追求诚实正直品格的积极性，使人充分体会到自尊就有尊严，从而重视人格尊严的作用；第三就是通过制度来鼓励人格尊严意识。第四，全社会形成重视德性的环境，用人单位也重视人的德性，选拔德才兼备的人，而不是让一些歪门邪道的人轻松进入。

最后，培养个体道德自律意识。道德人格的形成需要道德主体自律意识的培养，市场经济下拜金主义、功利主义盛行，大众文化把人们抛向感官享受的愉悦，个体如何实现道德自律？教育要做到几点：首先，塑造精神人格。在市场经济条件下，个体主体的活动受“利益最大化”这一原则驱动，很多人在确立自己人格的时候，仅仅从市场理性或者工具理性出发，以实现自己物质利益的最大化作为自己人生的最大目标，这种外在功利化的目标如果成为人的精神的第一需要，那就会将人的道德需求放在一边，这样就会导致人的精神平庸化和对社会责任的漠视，形成一种单向度的人格。人本质上是社会动物和精神动物，因此，人需要有道德和精神的属性。教育要通过各种途径促使人去思考自己的人生意义，去思考何为好生活。人唯有经常思考自己的生活，才能去思考道德对个体的意义，才能促进人精神人格的成长。其次，合理调节自己的需求结构。需要是人活动的动力，合理调节自己的需求结构是个体主体实践行为做到适度有序的主体性条件。人的需求是多样的，但并不是所有的需求都是合理的，比如过度消费和享乐。因此，主体应该对自己的需求有所意识，将一些错误的需求遏制住，以防止人成为虚假需求的推动者，去做很多错误的行为。比如有些人被一些商家或者大众文化刺激出来的需求所吸引，而做出一些过分的事情，甚至为此以自己的人格和尊严来买单；同时有些人因为不正当的攀比使自己做出出格的事情来。因此，教育工作者要学会积极引导人对自己需求的意识，并采取多种方式促使人积极发展自己的精神需求；对物质欲望和享乐的需要，进行有意识的调节，促使人过有节制的人生，这本身就是自律人格的重要体现。最后，提升道德需求。道德需要是道德人格前进的动力。教育者要探索如何使受教育者把人格的发展作为自身的一种需求。道德人格真正体现了人的本质，体现了人的尊严和超越性，是真实自我的彰显。因此，道德人格体现的是一种尊严和价值感，是最高的幸福。因此，学校教育就可以发挥道德的享用功能。教师要关注自己学生的行为，使学生因自己的道德行为得到赞许、表扬、肯定而产生积极、快乐的情绪；还要个体因他的利他行为获得尊重和荣誉，产生自我肯定的体验；同时将道德作为提升自我的方式，在完善自我的过程中，得到一种满足感和自豪感。因此，要在教育中设计情感体验环节和评价环节，使得人们在追求人格完善过程中体验自尊和自豪的情感；同时也要提升个体发展层次，促进个体道德信念的形成；此外还要关注教育对象的真实生活。主体道德人格是具有独立的判断力、自主能动地做出选择的主体，因此，道德教育要关注受教育者的生活实际，关注道德主体生活中出现的道德困境，通过讨论、争论的方法鼓励学生拓展自己的思维智慧，参与问题的讨论。这些都对道德思维有重要的启发和启迪作用，也能促进道德自律人格的进步。

最后，教育要关注道德自我同一性的形成。道德同一性是对自己的社会本质、道德信仰及一生的价值趋势相当稳定一致和比较完整统一的意识。这是道德人格形成的重要标志。自我同一性在童年时期开始建立，青少年时期是同一性形成的关键时间。自我统一性的建立，意味着个体对道德规范的认同，将道德纳入自我的概念中。此时，对道德的遵守已经不是被动服从了，而是主动、自主地去践行。自我同一性是沟通道德认知和道德行为的中介。是否建立起了道德自我同一性是个体道德人格形成的关键。因此，应该将自我同一性的培养放在重要的位置上。这就需要学校道德教育将知性教育转化为对道德自我生长的关注。这主要包括：将立足点放在受教育者上而非规范上。过去，我们过多强调了规范的认知教育，实际上没有将道德规范和教育者结合起来。因此，要关注道德与受教育者自身的关系，使得道德规范以人性、关怀性特点展现出来，真正让受教育者明白这种教育对教育者成长的意义，因此可以挖掘道德规范对提升生命意义的作用；同时学校教育要抓住自我同一性形成的关键时间——青少年时期。青少年时期开始探索同一性，他们对

"自己是什么人，自己如何处理人际关系"往往感到困惑，教师此时应该鼓励学生自我剖析、自我反思，让青少年将自己的困惑说出来，老师进行相应价值观的指导；同时帮助学生树立积极、远大的价值观，使得道德真正成为自我的一部分，真正确立其对道德的信念。

⑤显性道德榜样和隐形道德榜样

道德榜样对道德人格的形成有示范作用。其中，领导干部是中国社会的显性道德榜样。所谓显性道德榜样就是已经形成的一种集体的共识，领导干部是道德榜样的典型代表。这与我国几千年的历史有关，几千年的传统伦理社会，中国人更期望的是领导者的"德性"优良，认为"君子之德风，小人之德草"，统治者或者官吏的德性可以影响民众。因此，我们形成了"以吏为师"的心理。到了今天，中国共产党是全体人民利益的代表，领导干部是掌握人民赋予的权力的特殊群体。同时领导干部以全心全意为人民服务为自己的人生宗旨，也是社会道德理想人格的集中代表。领导干部道德水平如何，往往直接影响着社会的精神状态和道德风气。在我们党的历史上，也涌现出了成千上万领导干部的楷模，比如焦裕禄、孔繁森、邹碧华、张广秀等，不胜枚举，他们用自己的实际行动实践着入党誓言，用高尚的道德风尚鼓舞着人们前进。

在今天党员领导干部的道德榜样体现在：第一，信仰坚定，大公无私。在困难面前自己先上，舍己为人，比如在今年的抗击冠状病毒的战役中，很多党员最先顶上；第二，一心为民。将最广大人民的利益作为自己的最大利益，为人民利益而死，死的其所；第三，吃苦耐劳，勇敢坚韧；第四，一辈子干好事，不做坏事。第五，廉洁自律，不腐败。这些都是优秀领导干部的人格特点。

党员干部的道德榜样作用具有引领性和辐射性，能够极大地影响社会风气，但是由于领导干部的要求比较高，也离人们的生活比较远，这就需要一般的道德榜样。我们称之为隐形道德榜样。隐形道德榜样是指存在与我们身边的，能够感受到的道德榜样，他们的行为与人们生活接近，不少人经常处于他们的道德境地，具有良好的示范效应。比如，杭州公交车司机吴斌，2012 年在驾驶大客车行驶途中突遭飞来铁块击中，但他强忍剧痛，完成换挡、刹车等操作，安全疏散 24 名旅客，自己却伤重身亡。虽然情况险急，很多人可能遇不到相似的情况，但是在吴斌身上我们看到的是一个在平凡岗位上融入责任、担当、奉献的平凡精神，这是我们大部分普通人都可以学到的职业精神。吴斌点亮这个世界的道德之光，让我们明白每一个平凡的人都可以履行职业道德，都可以成为爱和善的源头活水。每一个人都可以在自己的平凡中张扬人性的高尚和光辉。生活中的平民英雄，可能就是与我们每天擦肩而过的路人，他们真实、丰满、接地气，这样的英雄具有朴素的感动人的价值与力量。近几年来出现的“最美”人物，就以其平凡、真诚、无私、奉献，又极易模仿，而为人民所学习和效仿。他们是这个民族的人格脊梁，是我们最可爱的人，也是值得我们学习的道德榜样。

（2）道德人格培育的个体之维

道德自我修养体现了个体主体性的表现。孔子说：“为仁由己”，自己是自己人格的塑造者。刘少奇曾经说：“革命者要改造和提高自己，必须参加革命的实践，绝不能离开革命的实践；同时，也离不开自己在实践中的主观努力，离不开在实践中的自我修养和学习。如果没有这后一方面，革命者要求得自己的进步，仍然是不可能的。”[①] 因此，要将道德人格的自我修养放在重要的位置上。中国古代也对道德修养比较重视，孔子有一段话描述了自己道德修养的过程：“吾十有五而志于学，三十而立，四十而不惑，五十而知天命，六十而耳顺，七十而从心所欲，不逾矩。”（《论语·为政》）

①《刘少奇选集》（上），上海：上海出版社，1981 年，第 99 页。

指出了道德人格修养是一个从少年到老年的不断修养的过程。个体自我修养更多是指向主观世界的改造。

①“心”是道德人格修养的载体

中国传统社会是伦理本位的社会，其道德教化和道德修养是主题。中国传统文化中是围绕“心性”建设和人格修为问题而展开的。这方面恰恰可以为我们今天进行道德人格建设提供可借鉴的资源。其中，表现在“正心”的传统上，儒家所强调的“欲修其身者，先正其心”“君子所性，仁义礼智根于心”，中国传统文化直指人心，提供了道德人格修养的关键路径。心在古代有很多中含义，但其基本的含义就是“精神人格之心，表征的是道德个体独有的性情、精神气象与人格境界的追求”[①]。比如“君子所以异于人也，以其存心也。君子以仁存心，以礼存心”[②]，孟子也说，仁义礼智根于心。修养的内容就是正心，而修养的最高境界就是人伦道德与天地万物的感动与契合，“存其心、养其性，所以事天也”；善是人心的本根。人有不忍人之心，是道德的基础。因此，中国传统文化提供了很多正心的办法，塑造君子人格。儒家主要提出了格物致知诚心正意修身的修身步骤，这些步骤都是心的修养。这也可以为我们今天道德人格修养提供积极的借鉴因素。

②道德人格修养的方法

中国传统道德修养的很多方法今天依然可以借鉴。第一，反省，也叫作省察自己。此时自我将自身分为两种，主体的我和客体的我，主体我来省察客体的我即自我的生活态度和道德观念的态度、道德行为。重点是思考个人利益和社会利益的关系问题、理与欲的关系。孔子说；“见贤思齐焉，见不贤而内自省也。”（《论语·里仁》）曾子说：“吾日三省吾身。”（《论

① 袁祖社.《文化与伦理 基于公共性视角的研究》,北京：人民出版社,2016年,第264页。

② 参见（清）焦循.《孟子正义·离娄下》，第350页，《诸子集成》，第1册，上海：上海出版社，1986年。

语·学而》）这些都说明了省察的重要性。自我省察可以认识自己品行的善恶优劣，可以在省察中明确自己的道德责任；同时省察体现了个体自我的理智判断，因此不仅仅是自我批评还包括理性的自我评价，包括优点的自我肯定等。王阳明提出了人们对自己的内心省察，省察其是否自私自利、斤斤计较、抱怨他人、不敬父母，这些都是我们在日常生活中可以自觉去实践的。第二，慎独。慎独既是一种道德修养的境界也是一种道德人格修养的方法。所谓“慎独”，是指人们在独自活动无人监督的情况下，凭着高度自觉，按照一定的道德规范行动，而不做任何有违道德信念、做人原则之事。这是进行个人道德修养的重要方法，也是评定一个人道德水准的关键性环节。一般来说当处于外人监督的时候，我们会注意到自己的言行，注意社会评价。但在没有纪律约束和没有压力时，我们就不容易主动关心自己的心思或者是放纵自己的行为，因此，慎独是一种自律，是一种极高的道德操守。慎独本身就是道德主体性的表现。第三，提升。这是指个体自我发展自我完善、自我提高和自我超越的表现，集中体现了人之为人的道德高尚性。个体对自我修养的提高是超越自然属性的局限，占有自己的社会本质，避免个人情欲和外物的奴役，将自己提升为顺应时代发展的人格特征。

参考文献

1.《马克思恩格斯全集》，第 44 卷，北京：人民出版社，2001 年。

2.《马克思恩格斯全集》，第 26 卷（I），北京：人民出版社，1973 年。

3.《马克思恩格斯全集》，第 46 卷（上），北京：人民出版社，1979 年。

4.《马克思恩格斯全集》，第 20 卷，北京：人民出版社，1971 年。

5.《马克思恩格斯全集》，第 3 卷，北京：人民出版社，2002 年。

6.《马克思恩格斯全集》，第 3 卷，北京：人民出版社，1960 年，

7.《马克思恩格斯全集》，第 46 卷，北京：人民出版社，1992 年。

8.《马克思恩格斯全集》，第 23 卷，北京：人民出版社，1972 年。

9.《马克思恩格斯全集》，第 20 卷，北京：人民出版社，1971 年。

10.《马克思恩格斯全集》，第 42 卷，北京：人民出版社，1979 年。

11.《马克思恩格斯选集》，第 3 卷，北京：人民出版社，1995 年。

12.《马克思恩格斯全集》，第 3 卷，北京：人民出版社，2002 年。

13.《马克思恩格斯全集》，第 3 卷，北京：人民出版社，1960 年。

14.《马克思恩格斯选集》，第 1–4 卷，北京：人民出版社，1995 年。

15.《列宁选集》，第 1 卷，北京：人民出版社，1995 年，第 8 页。

16.《毛泽东文集》，第 7 卷，北京：人民出版社，1999 年，

17.《邓小平文选》，第 2 卷，北京：人民出版社，1994 年。

18.《刘少奇选集》（上）上海：上海出版社，1981 年。

19. [古希腊] 亚里士多德，《尼各马可伦理学》，苗力田译，北京：中国人民大学出版社，2003 年。

20.[德] 康德，《论优美感和崇高感》，何兆武译，商务印书馆，2001 年。

21.[德] 黑格尔，《精神现象学》下卷，贺麟译，北京：商务印书馆，1987 年。

22.[德] 黑格尔，《法哲学原理》，范扬、张企泰译，北京：商务印书馆，1961 年。

23.[德] 康德，《道德形而上学原理》，苗力田译，上海：上海人民出版社，2002 年。

24.[苏联] 伊·谢·康，《伦理学辞典》，王荫庭等译，兰州，甘肃人民出版社，1984 年。

25.[法] 恩斯特·卡西尔，《人论》，甘阳译，上海：上海译文出版社，1985 年。

26.[德] 费尔巴哈著，《基督教的本质》，荣震华译，北京：商务印书馆，1985 年。

27.[德] 康德《实践理性批判判》，韩水法译，北京：商务印书馆，2010 年。

28.[美] L. 科尔伯格著，《道德发展心理学——道德阶段的本质与确认》，郭本禹等译，上海：华东师范大学出版社，2004 年。

29.[德] 康德，《道德形而上学原理》，苗力田译，上海：上海人民教育出版社，2002 年。

30.[瑞] 皮亚杰，《儿童心理学》，吴福元译，北京：商务印书馆，1980 年。

31.[瑞] 皮亚杰，《发生认识论原理》，北京：商务印书馆，1981 年。

32.[法] 让·保罗·萨特，《他人就是地狱：萨特自由选择论集》，关群德等译，西安：陕西师范大学出版社，2003 年，

33.[德] 黑格尔，《历史哲学》，北京：商务印书馆、上海书店出版社，1999 年。

34.[德] 马克斯·舍勒，《论害羞与羞感》，北京：三联书店，1997 年。

35.[美] 康芒斯，《制度经济学》，北京：商务印书馆，1994 年。

36.[美] 罗尔斯，《正义论》，廖申白，何怀宏等译，北京：中国社会科学出版社，1988 年。

37.[苏] 伊·谢·科恩，《自我论》，佟京韩等译，北京：生活·读书·新知三联书店，1986 年。

38.[德] 马克斯·舍勒，《爱的秩序·论人的理念》，北京：三联书店，林克等译，1995 年。

39.[德] 海德格尔，《路标》，孙周兴译，北京 : 商务印书馆 ,2014 年。

40.[德] 罗尔夫·克尼佩尔，《法律与历史——论德国民法典的形成与变迁》，朱岩译，北京：法律出版社。

41.[德] 席勒，《美育书简》，冯至、范大灿译，北京：中国文联出版公司版，2003 年。

43.[美] 科恩，《自我论》，北京：三联书店，1988 年。

44.[美] 马克・柯克著，《人格的层次》，杭州：浙江人民出版社，1988 年。

45.[美] 戴维・谢弗，《社会性与人格发展》，陈会昌等译，北京：人民邮电出版社，

46.[德] 黑格尔，《美学》第 3 卷（下），朱光潜译，北京：商务印书馆，1996 年。

47.[英] 休谟，《人性论》，关文运译，北京：商务印书馆，2010 年。

48.[德]M. 兰德曼，《哲学人类学》，张天乐译，贵阳：贵州人民出版社，1988 年。

49.[美] 玛莎・斯托特著：《小心，无良是一种病》，陈雅汝译，北京：中信出版社。

50.[德] 黑格尔，《法哲学原理》，北京：商务印书馆，1996 年。

51.[美] 拉瑞・P. 纳西，《道德领域中的教育》，刘春琼译，哈尔滨：黑龙江人民出版社，2003 年。

52.[德] 康德，《实践理性批判》，关文运译，北京：商务印书馆，2011 年。

53.[美] 埃里希・佛罗姆，《寻找自我》，陈学明译，北京：工人出版社 , 1988 年。

54.[美] 埃里希・佛罗姆，《自为的人》，万俊人译，北京：国际文化出版公司，1988 年。

55.[德] 包尔生，《伦理学体系》，何怀宏等译，北京：中国社会科学出版社，1988 年。

56. 杨国荣，《伦理与存在》，上海：华东师范大学出版社，2009 年。

57. 张青兰，《人格的现代转型与塑造》，广州：广东人民出版社，2005 年。

58. 万俊人，《现代西方伦理学史》，下卷，北京：中国人民大学出版社，2011 年。

59. 汪凤炎，郑红，《荣耻心的心理学研究》，北京：人民出版社 ,2010 年。

60. 黄明理，徐贵权，《伦理学原理新论》，南昌：江西人民出版社，2005 年。

61. 李银河，《李银河自选集——性、爱情、婚姻及其他》，内蒙古：内蒙古大学出版社。

62. 王亚南，《中国官僚政治研究》，北京：中国社会科学出版社，1981 年。

63. 徐强，《人格与社会》，南京：南京师范大学出版社，2004 年。

64. 李江涛，朱秉衡，《人格论》，沈阳：辽宁人民出版社，1989 年。

65. 费孝通，《乡土中国 生育制度》，北京：北京大学出版社，2006 年。

66. 郭文安，陈东升，《国民素质建构与基础教育改革》，北京：人民教育出版社，

1997 年。

67. 丁大同，《人学笔记》，北京：群言出版社，1997 年。

68. 高德胜，《知性德育及其超越—现代德育困境研究》，北京：教育科学出版社，2003 年。

69. 高兆明，《制度公正论》，上海：上海文艺出版社，2001 年。

70. 李秋零主编，《康德著作全集》，第 4 卷，中国人民大学出版社，2005 年。

71. 万俊人，《现代西方伦理学思想史》，北京：中国人民大学出版社，2011 年。

72. 彭柏林，《道德需要论》，上海；上海三联书店，2007 年。

73. 黄希庭，《人格心理学》，杭州：浙江教育出版社，1988 年。

74. 陈少华，《人格心理学》，广州：暨南大学出版社，2004 年。

75. 余潇枫，《哲学人格》，长春：吉林教育出版社，1998 年。

76. 崔宜明，《道德哲学引论》，上海：上海人民出版社。

77. 余潇枫，《哲学人格》，长春：吉林教育出版社，1998 年。

78. 万俊人，《现代西方伦理学史》（下），北京：中国人民大学出版社，2011 年。

79. 曲炜，《人格之谜》，北京：中国人民大学出版社，1991 年。

80. 北京大学《社会学教程》编写组，《社会学教程》，北京：北京大学出版社，1987 年。

81. 曲炜，《人格之谜》，北京：中国人民大学出版社，1991 年。

82. 王利明，《人格权法》，北京：中国人民大学出版社，2009 年。

83. 何齐宗，《审美人格教育论》，北京：人民教育出版社，2004 年。

84.[苏] 彼得罗夫斯基主编，《普通心理学》，朱智贤等译，北京：人民教育出版社，1981 年。

85. 龚群，《青年伦理学》，北京：解放军出版社，1988 年。

86. 罗国杰，《伦理学》，北京：人民出版社，1989 年。

87. 余枫潇，《哲学人格》，长春：吉林教育出版社，1998 年。

88. 杨国枢，《中国人的心理》，南京：江苏教育出版社，2006 年。

89. 高兆明，《存在与自由：伦理学引论》，南京：南京师范大学出版社，2004 年。

90.《罗国杰自选集》，北京：中国人民大学出版社，2007 年。

91. 陈仲庚，张雨新，《人格心理学》，沈阳：辽宁出版社，1986 年。

92. 钱穆，《人生十论》，桂林：广西师范大学出版社，2004 年。

93. 刘再复，《性格组合论》，上海：上海文艺出版社，1986 年。

94. 万俊人，《现代西方伦理思想史》，北京：中国人民大学出版社，2011 年。

95. 曾钊新，《人性论》，长沙：中南工业大学出版社，1988 年。

96. 江畅，《德性论》，北京：人民出版社，2011 年。

97. 余潇枫，张彦，《人格之镜——类伦理学引论》，杭州：浙江大学出版社，2006 年。

98. 欧阳文珍，《品德心理学》，合肥：安徽大学出版社，2005 年。

99. 吴万森，姚清如，《普通心理学》，哈尔滨：黑龙江教育出版社，1986 年。

100. 邱吉，《道德内化论》，北京：民族出版社，2004 年。

101. 武斌，《人格的选择》，北京：现代出版社，2011 年。

102. 曾钊新，李建华，《道德心理学》，长沙：中南大学出版社，2002 年。

103. 万曾奎，《道德同一性的心理学研究》，上海：上海教育出版社，2009 年。

104. 罗国杰主编，《中国伦理学百科全书》（伦理学原理卷），长春：吉林大学出版社，1993 年。

105. 周晓红，《现代社会心理学》，上海：上海人民出版社，1997 年。

106. 余枫潇，张彦，《人格之境——类伦理学引论》，杭州：浙江大学出版社，2006 年。

107. 武斌，《人格的选择》，北京：现代出版社，2011 年。

108. 王浦劬，《政治学原理》北京：北京大学出版社，2004 年。

109. 武斌，《现代西方人格理论》，沈阳：辽宁人民出版社，1989 年。

110. 宋希仁，《西方伦理思想史》，北京：中国人民大学出版社，2004 年。

111. 周文彰，《狡黠的心理——主体认识图示概论》，北京：中国人民大学出版社，1991 年。

112. 罗国杰，《伦理学》，北京：人民出版社，1989 年。

113. 张传有，《伦理学引论》，北京：人民出版社，2006 年。

114. 唐君毅，《道德自我之建立》，桂林：广西师范大学出版社，2005 年。

115. 赵汀阳，《论可能生活》，北京：中国人民大学出版社，2004 年。

116. 朱贻庭，《伦理学辞典》，上海：上海教育出版社，2002 年。

117. 杨伯峻，《论语译注》，北京：中华书局，1980 年。

118. 朱熹，《朱子语类》，北京：中华书局，1986 年。

119. 李德顺，《道德价值论》，昆明：云南人民出版社，2005 年。

120. 张东荪，《理性与良知》，上海：上海远东出版社，1995 年。

121. 刘丙元:《当代道德教育的价值危机与真实回归》, 北京: 北京师范大学出版社, 2012 年

122. 沈亚生，《人格、自我和个体性》，长春：吉林人民出版社 , 2005 年。

123. 沈亚生，《人学思潮前沿问题探究》，北京：社科文献出版社，2010 年。

124. 袁祖社,《文化与伦理——基于公共性视角的研究》, 北京: 人民出版社, 2016 年。

125. 方军，“制度伦理和制度创新”，《中国社会科学》，1997 年第 3 期。

126. 吴潜涛，“正确理解理想信念的含义”，《教学与研究》，2011 年第 4 期。

127. 马骏驹，刘卉，“论法律人格内涵的变迁和人格权的发展——从民法中的人出发”，“法学评论”，2002 年第 1 期。

128. 陈望衡，“试论审美人格”，《求索》，1994 年第 6 期。

129. 赵成文，“试论道德人格及其功能”，《华北水利水电学院学报》（社科版），1997 年，第 4 期。

130. 唐凯麟，“道德人格论”，《哲学动态》，1994 年第 11 期。

131. 彭定光，“道德人格再认识”，《湖南师范大学社会科学学报》，1992 年第 3 期。

132. 刘善仕，“简论道德人格及其结构”，《长沙水电师院学报》，1990 年第 4 期。

133. 彭升，彭放珍，曾金山，“道德人格内涵新析”，《现代大学教育》，2003 年第 2 期。

134. 袁贵仁，“试论人格”，《北京师范大学学报》，1993 年第 5 期。

后　记

这本书是在笔者博士论文的基础上修改完成的。博士期间，写成了初稿，后边又经过了修改、删减和完善。从本科、硕士到博士学习阶段，自己就对伦理学有比较浓厚的兴趣，也一直围绕着道德问题进行思考，这本书的完成算是对自己学业一个小的总结。

道德人格是中国传统道德的一个核心概念，中国传统谈我们成为什么样的人，核心内容是道德。但是在今天，伴随着社会的变迁，对这一问题的理解出现了巨大的变化，我们到底成为什么样的人已经不再是文化的核心，或者说，这是一个众说纷纭的问题。因此，就有了各种底线道德理论、公共道德理论，甚至有人认为理想道德人格是个体自主的选择。那道德人格与我们每一个人的关系是什么？道德人格有哪些功能、新时代理想道德人格的内容是什么？以及在今天我们如何建设道德人格，这些就成了这本书要思考的核心问题，也作出了一定的回答。当然由于笔者才疏学浅，还有很多需要完善的地方。

理论的探究是无止境的。在思考上述道德人格基本理论的时候，也引申出来很多需要思考的问题。比如，当前道德教育如何真正实现道德人格教育、中国传统道德人格修养理论如何实现现代转化，如何在生活中运用道德修养的理论提升我们的人格？如何创造一个真正培养道德人格的环境等。这几个问题虽都有涉及，但迫于时间和水平有限，思考得还不深入，还需要继续探究。

一个人的成长需要多方面帮助。笔者求学阶段也遇到了不少贵人。吴潜

涛教授作为我的博导，在选题、设计、构思甚至学术论点方面都给予了无私的帮助和支持。吴老师为人谦和、可亲可爱，我们在他身上学到的不仅仅是学问，还是人品；中国人民大学哲学院的其他老师，已故的葛晨虹教授的严谨让我记忆犹新，深深怀念；肖群忠老师、张霄老师、刘玮老师提供了各种有益的建议和意见都加深了对这一问题的理解。当然，在人大上学的三年中聆听了各位老师的教学，都让我受益匪浅，现在回想起来，依然是一段美好的时光。总之，本书的完成，绝不是笔者个人的努力，感谢父母、老师、朋友，我也会将这份感恩传递，让世界更加温暖。